這是一本……
高效美編的養成血淚史
同時也是一本孤獨的 InDesign 高手養成技法！

InDesign
Tricks

鬼才學排版！

版面	樣式	標題	內文
Tricks 07	Tricks 10	Tricks 07	Tricks 36
表格	目錄	電子書	其他
Tricks 08	Tricks 04	Tricks 13	Tricks 16

InDesign 的世界裡群魔亂舞，
只有見過你才知道，沒有最糟，只有
更糟，致敬所有那些被糟糕稿件蹂躪、
吐血的甘苦人

InDesign
鬼才學排版
Tricks

這是一本……
高效美編的養成血眼史
同時也是一本瓶狂的 InDesign 高手養成技法！

版面	樣式	標題	內文
Tricks 07	Tricks 10	Tricks 07	Tricks 36
表格	目錄	電子書	其他
Tricks 08	Tricks 04	Tricks 18	Tricks 16

陳吉清◎著

InDesign 的世界裡群魔亂舞，
只有見過你才知道，沒有最糟，只有更糟，致敬所有那些
被體無鱗傷折磨喘、吐血的甘苦人

本書如有破損或裝訂錯誤，請寄回本公司更換

作　　者：陳吉清
編　　輯：高珮珊
插　　畫：MAY
董 事 長：陳來勝
總 編 輯：陳錦輝

出　　版：博碩文化股份有限公司
地　　址：221 新北市汐止區新台五路一段 112 號 10 樓 A 棟
　　　　　電話 (02) 2696-2869　傳真 (02) 2696-2867

發　　行：博碩文化股份有限公司
郵撥帳號：17484299
戶　　名：博碩文化股份有限公司
博碩網站：http://www.drmaster.com.tw
讀者服務信箱：dr26962869@gmail.com
訂購服務專線：(02) 2696-2869 分機 238、519
（週一至週五 09:30 ～ 12:00；13:30 ～ 17:00）

版　　次：2023 年 9 月初版一刷

建議零售價：新台幣 680 元
I S B N：978-626-333-601-8
律師顧問：鳴權法律事務所 陳曉鳴

國家圖書館出版品預行編目資料

InDesign Tricks. 2：鬼才學排版 / 陳吉清著 . -- 初
版 . -- 新北市：博碩文化股份有限公司 , 2023.09
　面；　公分

ISBN 978-626-333-601-8(平裝)

1.CST: InDesign(電腦程式) 2.CST: 電腦排版
3.CST: 版面設計

477.22029　　　　　　　　　　112014654
Printed in Taiwan

歡迎團體訂購，另有優惠，請洽服務專線
博碩粉絲團　(02) 2696-2869 分機 238、519

序

　　愛因斯坦曾告訴人們，他從來不去記那些可查到的資料，而是讓大腦留出空間來，去研究那些人們還不認識的問題。人們總是強調記憶，卻不知遺忘也為記憶所必需，如果要提高思考的活力，增加創新性，就需要給大腦減輕負擔。

　　一直以來，我寫作的書籍都是以「自己的經驗筆記」方式來呈現，有時候過了好多年我遺忘了某項功能時，翻一翻以往的著作，就會驚覺以前自己是知道這種技巧的。有時候會感慨自己以前多厲害，但是其實多年之後我又學會了更多不一樣的技巧，這就跟愛因斯談說過的話很像，如果你不去釋放（遺忘）記憶空間，你就很難學會創新的內容。

　　只不過我很怕不做好準備就去遺忘，可能真的就會忘掉曾經習得的技能，所以書就成了我承載這些過去功力的載體。

　　這本書的初衷，希望延伸我在 2016 年出版的《InDesign Tricks：專家愛用的速效技法》的設計方向，除了強調超有用的技巧外，還加入了入門者的正確實用觀念、以及業界在用的實用方法，提供與前一版 100% 完全不同的內容，讓讀者獲得更多豐富有用的技能與知識。

　　希望這本書的內容，能夠讓您們獲得不錯的助益，謝謝！

陳吉清 Eddie

Contents
目錄

序

前言——什麼樣的美編適合做排版

前言——編輯學 InDesign 排版的好處

CH08　其他的設定與調整

什麼樣的美編
適合做排版

我實際帶人的經驗並不多，大多數我都是自學摸索一些實用的技巧，直到這幾年因為工作需求需要帶美編時，才發現了一些新人或是有經驗的美編的一些問題。這些問題也許以前我也有過之，也有很多我覺得很誇張的現象，總之帶人的經歷讓我體驗了很多了樂趣與……痛苦就是了 (苦笑)。

▌關於美感的分歧

美感這種東西很難說誰的好，很多時候是天生的，但是天生美感也是有不同的屬性特色，總之就是很玄的東西，而想當個排版美編，最好有一些美感是比較好的，因為你會發現哪邊感覺不好，然後吹毛求疵地想去完美呈現。這種衝動是很自然、自發的，如果是沒有美感的美編，你跟他說這裡不對要改，他卻無法理解你說的不對是怎樣，因為我也沒辦法把這種感覺用微積分或代數的方式呈現出完整的數學公式讓他去調整，總之，我遇過沒有美感的新人，看他的版型設計就讓我很頭痛，而他也很難理解我帶點抽象的形容編排設計的方式。

　　不管有無美感，我會對新人美編說，多看看外面發行的書或平面設計品，去看看、去偷學、去了解，設計這東西就是多練習，有美感可以讓你更快進入狀況，沒有美感就真的要更努力去觀摩更多的書籍設計。

　　排版是一件有趣的事，同樣的文字內容，在思考不同的編排架構與樣式後，可以呈現的版面與閱讀感也會有很大的差異，而且調整的方式與結果各有千秋，這也是排版的最大樂趣之一。

　　但是，美感也會有衝突，有時候彼此之間的美感有了差異，就會產生分歧，我覺得這樣才好，他卻覺得那樣才好，如果溝通

不同的版面編排，可以產生不同的感覺

無法解決爭議，這時候最簡單的方式就是，有權力的人說的算！

　　大家應該都有聽過，商業設計就是一種妥協的美麗，妥協並不代表認輸，而是另一個戰鬥力的開始。學會設計出符合你現在配合的業主的設計內容，那就是你成長的地方。

新鮮的肝

學排版有美感最好，沒有美感只要願意努力學習也是可以的。另外一個很重要的條件，我覺得「新鮮的肝」真的很重要。這裡不是說學排版要爆肝，只是說越年輕的族群學起來越快速。我帶過一些還在學或剛畢業的學生，發現他們學習某些技巧超快速的，例如講解了一遍電子書的製作流程，不用抄筆記就記得90% 的內容，反觀我之前教三十多歲的同事一遍電子書的流程，他就記得零零落落，實際操作起來經常有問題。還有我在講到比較深入的 GREP 樣式時，這些學生能夠很快吸收那些特殊字元的意義與用途。反之，年紀較大的同事需要配合我們的流程重新設計內容時，也常常不知所措，不明白哪些段落樣式要改、哪些地方有問題要怎麼處理……。

雖然年輕族群吸收力很強很適合，但還是有人學習進度慢的，據我觀察好像個性內向的人反應會比較慢，個性急躁的人學習效率較高，可能因為排版都很強調時效性，慢吞吞可能會來不及完成進度吧？

當然，如果持之以恆，用長遠的眼光來看，何嘗不會有讓人跌破眼鏡的大師出現呢？

自帶編輯功能

傳統的出版流程分工是很仔細的，在書稿的處理上，通常會是企劃編輯確認書籍內容發展與行銷規劃，執行編輯掌握好大綱結構與內容進度，文字編輯負責文字校正等。有些時候分工會更

細，或者全部由一個編輯處理，端看出版社的規模。而在美編部分，也會有包括負責封面設計、版面設計、文字編排等等人員。

分工越細，對編輯或美編來說是工作負擔少了，但是技術成長卻停滯了，我曾遇過在一家大型出版社工作快二十年的美編，完全無法負責一整本書的正確編排，原因無它，因為她只負責拿到設計美編與版型美編做好的版型，將文字填入並套上指定的樣式。這種工作很輕鬆，就像流水線的員工那樣，不用動腦想什麼，但這樣就不會有成長了。

這裡解釋一下「一整本書的正確編排」的狀態意思，指的是一份書稿（Word 檔）過來，有提供目錄文字，但沒有在內文中指定各種文字樣式，例如大中小標、表格、圖說、項目或編號等等資訊（沒在 Word 裡設定樣式或是加粗加顏色等特別標示），美編卻能夠自行判斷完成編排出一本書的雛型來。

通常來說，這是一種不正確的稿件，被美編退稿都是很正常的。但是在一般小出版社或是經費越發嚴峻的出版社來說，標示這些正確的編輯註解或是設定對應的版面規劃等，都是不少的時間成本，所以就會有了把成本轉嫁給美編的行為，也就是讓美編默默兼著編輯的行為去處理排版一本書，而這就是自帶編輯功能的美編。

如果你想從事美編，先看看你能不能辨別出一本書的正確編排結構。如果不行，多拿幾本書出來，看看人家的結構是怎麼設定的，練習把書中的結構一一標示出來。另外，參考 P.220 的〈目錄是個好工具〉這篇文章介紹的，也可以清楚判斷設定的標題結構是否正確。

心態很重要

　　最後，我覺得學習排版心態最重要了。

　　相比於工作技能，如果你到新的公司工作，態度相比於技能更重要。我遇過的幾個老闆都曾或多或少抱怨員工態度很差、不積極、白目、頂嘴等，甚至心灰意冷說到不期待新人能馬上上手，但至少心態要好，要願意學習等……，先不說一些世代觀念的落差，就說以我曾經帶過的一些新人所得到的感觸，能力不佳的可以訓練，真的沒辦法期待學校教出來的學生在職場上有什麼即戰能力，甚至在職場多年的老鳥也會有一些效率極差的壞習慣，如果心態太差，不想積極學習、積極跟進工作進度，就算年輕、學習力強、美感好，但是無心做編排的人，真的就不適合做排版。

　　排版除了版面設計美觀實用外，很重要的工作是一連串的修改與微調，這些都需要一些耐心去完成。我曾帶過一個釘子戶，美感不好，效率也不好，心態更不好，光是在版面設計上就溝通許久、之後在內文修改與版面調動上也是超過十次以上的修改。想想在外面如果排版美編讓你溝通超過十次的修改流程，你下次還會用他嗎？超過三次修改還不行的通常就退稿了吧？

　　所以，你不喜歡排版，那幹嘛還要進這行呢？

前言—什麼樣的美編適合做排版

編輯學 InDesign
排版的好處

　　傳統的編輯基本上不會學習 InDesign 這類的編排軟體，但是自從數位出版興起之後，很多的新出版社或是走 EP 同步發行的出版或媒體廠商，很可能會要求編輯能夠文字與編排能力同時上手，我就曾聽說有新興的媒體公司給每個編輯配了一台 Macbook pro，Adobe 的軟體全套灌好，雖然意味著一人工廠的模式，但是……好羨慕那些人啊！

▌自己動手比較快

　　要說編輯學排版的好處，就要說說我當初為什麼學排版。要說編輯圈裡，我算是比較另類，但也算是自然而成的一種編輯。在 P.038 的〈段落樣式的重要性〉一節裡，我曾經提到編輯也有很多種類型，我算是那種擅長內容規劃與各種工具都會的編輯。

　　雖然我大學讀的是電子工程學系，卻在大四的時候迷上了一堆影像設計方面的軟體，自學了 Photoshop、Illustrator、CorelDraw、Painter、Quark、Premiere、FreeHand，懂一些 3ds max、Poser、Bryce、Maya、Lightwave，所以才曾想著去面試美編玩玩，結果當時的主管覺得我當編輯比較適合，就當了快二十

年的編輯。

由於我是帶藝從師的,所以對影像設計這塊有時候我比作者還熟、對編排版面也經常覺得美編設計的不太合適,所以就開始研究 PageMaker(InDesign 前身的排版軟體)。因為我那時負責編輯的書都是影像設計類的工具書,在版面設計上會比一般書講究,需要設定的樣式更多更複雜,往往正常的 Word 稿不見得能表達出我要的想法,所以那時我會先用 PageMake 製作出我想要的版型與文字樣式跟美編溝通,讓他們照這樣的版型套著編排,現在回想起來,我當時做的就是美編類型中的版型設計者。

再後來,我都懶得跟美編講,有些我比較看重的書稿我會自己動手編排,為了讓稿件編排更好,還去上了有關版面設計的課程,然後不知不覺地,我會經常指導那些外包排版用什麼方式可以排得更快、更好,甚至一校修改時,會直接拿對方的 indd 檔案來直接修改後再給他做細部調整,因此也接觸到了很多的原稿,除了美編的排版檔外,最有價值的就是國外授權翻譯作品的排版檔。

NOTE. 如果你想知道你的外包美編設計程度,拿他的排版稿看看就會知道,好的排版稿會讓你賞心悅目,甚至想要偷學,像我就覺得美國、日本與韓國的原稿真的都很漂亮、很有層次,而大陸的原稿幾乎都是慘不忍睹的狀態(PS. 有就要偷笑了)。

就我當了近二十年的編輯時光裡,斜槓美編的經歷也超過了十年以上,跟一般美編的心態不同的是,我做美編的初衷是把我想要編輯的稿子排得更好看,為此去更多地研究 InDesign 的編排極限。2016 年我寫了第一本 InDesign 的書籍《InDesign Tricks:專家愛用的速效技法》,分享了我研究的一些有效率的編排心得;

之後電子書的技術發展起來，為了研究轉換方式，發現了另外一種神速的技巧，所以寫了第二本的《GREP Tricks：InDesign 自動化的極致，快速搞定瑣碎繁冗的編排流程》。

從我剛剛描述的經驗裡，可以看出編輯學排版有以下好處：

1. **完整掌握設計編排的方向**：與其透過在文字邊加上描述註解來解釋編排的方向與層級，不如直接在 InDesign 操作編排，掌握真實編排的狀況。

2. **加深版面設計能力**：透過不斷地練習與實作，可以提升自己在版面設計上的美感與體驗，除了可以為自己企劃的書籍增加不同的想像與規劃能力外，在不景氣的時代裡也為自己增加斜槓的能力。

3. **節省溝通過程，提升效率**：明明可以自己直接修改錯字、增刪內容、或是調整某些段落或字元上的錯誤、表格或是圖形的修改等等，結果還要透過列印出來的紙張或是 PDF 在上面寫上修改建議，再等美編一天的修改時間、再檢查有沒疏漏或其他問題，這不是浪費很多時間嗎？

舉一個我經常遇到的實際案例來說。有一本書稿是簡體書授權，對方提供了 indd、PDF 與 Word 檔，但是因為 word 是從 PDF 轉換出來的，而這本書又有一些圖片的因素，結果轉出來的 word 格式很複雜，連頁眉與頁碼也混在內文之中，內文也分成很多區塊，並且有些亂碼，總之，就是一個編輯要花很多力氣重新整理的稿件。

但是因為有 indd 檔，所以編輯可以請美編把文字轉換出來給編輯。但是轉換出來的方式有幾種，簡單的方式是把文字全部拷貝貼到 word 上丟給編輯，但是編輯可能還是要對照 PDF 把 Word 上的格式重新整理一下，其實也需要花很多時間，只不過比原來

的方式節省一些時間。

　　然而最快的方式是，如果編輯可以直接編輯原來 indd 檔案，除了文字簡轉繁外，修改台灣用語與審訂內容正確性都不用另外轉檔處理，如果版面修改不大，就可以直接完成一本書的編輯與編排了！

跟上數位化浪潮

　　InDesign 可以直接將文件內容轉換成電子書，但是需要把所有的樣式設定好轉存標記，把沒有錨定好的圖片與圖說文字都嵌入到內文裡，讓編輯在校對完成的同時，幾乎也可以同時輸出為 ePub3 電子書的檔案，節省出版社再製電子書時間。不過相信我，編輯大概遇不到這種美編，稀有率不到 1%。

　　美編與編輯需要處理的程度各不相同，但有一個共通點就是「編輯要等美編轉檔」。如果編輯具有基本的 InDesign 編輯能力，那麼他就可以在 indd 裡面直接校對，校對好的文稿再讓美編重新整理與調整版面，那麼美編也不需要花費那個事前整理、轉換成 word 給編輯的時間，而且那個調整好的 indd 檔也許在編輯校對後因為內容差異太大而無法使用，變成還需要再做另外一個版本的 indd 檔，這其實也很浪費時間。

　　除了以上優點外，在我的經歷描述中沒有顯示出來的優點，還包括了以下幾點：

　　1. **掌控話語權**：在社會上經常是資歷高的欺壓資歷低的，一個新編輯遇到老手美編，希望他做什麼樣的修改，難免會遇到不配合或說辦不到的事情，如果你掌握了 InDesign 編排的技

術能力,就可以了解到底是做不到?還是不願意做?

2. **製作平台需要的 BN**:台灣主要的電商平台,在跟出版社洽談合作活動時,都會要求出版社提供活動 BN。這些 BN 通常會由公司的美編或外包美編來製作,但是有些出版社比較沒資源的,可能就要編輯代操,以往我們可能會用 Photoshop 來製作,但是如果你真的很熟悉 InDesign,你會發現用 InDesign 來製作 BN 還真是超級簡單與便利的。

3. **搞定社群平台的宣傳資源**:就像上面提到的,InDesign 製作 BN 很方便,那麼社群行銷所需要的各種尺寸圖片也很容易製作,甚至還可以製作暫時的動畫頁面、或是動態試讀頁面來做宣傳,我在宣傳《InDesign Tricks:專家愛用的速效技法》的時候就做過這樣的動態頁面,相當於一個小小宣傳網站,重點是不用架站資源,直接用 Adobe 提供的免費空間。

> **NOTE**. 有興趣參觀我利用 Publishing Online 製作的動態網站宣傳《InDesign Tricks:專家愛用的速效技法》,可以參考以下連結網址:https://indd.adobe.com/view/c4d80b2d-0f78-481d-a6ad-baf45e9cefe9
>
>

4. **走在紙電同步的頂點位置**:現在出版業最大的趨勢是電子書發行,雖然電子書已經發展了很多年,也很難成為出版社的營收支柱,但是在其他拯救出版社的解方出來之前,電子書的發展都是不可逆的行為,而想要讓電子書的製作可以最有效率的產出,最好的方案就是用 InDesign 直接轉換製作。很多的老美編根本就沒動力學習新知識,新美編可能又不敢碰 CSS,也只有被號稱什麼都會的編輯,在接觸排版的同時,學習 HTML 與 CSS 可能就像信手捻來一般的簡單,那麼在製作電子書 ePub 上就會變得毫無難度,也可以帶領出版社規劃適合的紙電同步出版流程。

5. **完成自助出版**：現在紙本出版不容易，但是線上電子書出版卻很方便。如果你是一名夢想出版書籍的作家，到處投稿乏人問津，你可以在 Adobe 提供的免費試用期限內（或者付費訂閱一兩個月），學習 InDesign 的編排，再透過 ePub 轉換的功能，輸出自己的電子書 ePub 上架，就可完成自己的線上出版美夢。雖然看起來很容易，不過還是需要付出一些努力才行，至少 InDesign 可以在夢想開端前幫你一把。

以上就是我知道的編輯學習 InDesign 排版的好處，你是否有興趣開始學學 InDesign 了嗎？

章名頁與版面的設計

　　一本書的編排順序，除了放在最前面的前言、目錄或版權頁之外，通常代表書籍內容開始的是一個特別的頁面——章名頁（或篇名頁），這一章我將介紹章名頁的特色、設計想法，以及有關版心設計上的一些要點，還補充了上一版封面設計的快速設計方法。

　　如果你是 InDesign 的初學者，我建議你可以先從第一章往後照順序閱讀學習下去，每一章的內容都有我在業界中的經驗與心得，即便是編排老手，也可以從中獲得一些不錯的啟發。

01 ▎為什麼要有獨立的章名頁

　　大部分的書籍裡，每一個章節開頭都有一個獨立的頁面，一般我們稱作章名頁。章名頁的設計用途，主要是用來讓讀者在閱讀的過程中設定一個停頓點，告知前面一整個章節結束了，可以在這裡做個休息，甚至有的會提供章目錄讓讀者先行了解一下接下來的內容有哪些。

常見的章名頁設計 / 資料來源：楓葉社《秒殺經濟史》

　　除了作為閱讀休息的停頓點外，章名頁也是一本書裡版型設計的一個重點，仔細觀察坊間的書籍，會發現有很多種不同風格的章名頁設計，除了單頁外，還有跨頁的設計方式，有的因為頁數關係省略掉一整個獨立單頁，而讓內容接著章名下去，但是至少在這一個章節所在的頁面，也會做點小小的改變。

　　說到節省頁面，因為頁數限制的關係，章名頁也會發展成不同的形式，以左翻書來說，當頁數不夠需要多增加頁面，那麼章名頁就很可能會做成跨頁形式，一些設計、藝術類的書經常這麼

做；另外常規的「奇數頁」起始就是最常見的形式，但是遇到頁數過多需要節省一些頁面時，就會讓章名頁出現在「下一頁」起始，而不會固定在左右奇偶頁，當章數很多時確實很有可能省到很多頁。

除了章名頁，有的章之上還有篇，這時候的篇名頁就可以看要怎麼配合，是要美觀──再做個跨頁設計，或是經濟節省頁面──設計在偶數頁與奇數頁的章名頁搭成一個跨頁，都是一些可以自行發想的設計。

結合跨頁與章目錄的章名頁設計 / 資料來源：時報出版《德意志製造》

撇開設計的美觀性，章名頁的設計還可以蓋住頁眉的資料。大部分的章名頁會再另外套一個主板頁面，也因此這個主板頁面通常不會有頁碼與頁眉，這樣就會跟內文的版面有所區隔，甚至如果設計了跨頁型的章名頁，還可以遮掉因為頁眉變數文字使用上的錯誤，至於頁眉變數文字使用上的錯誤是什麼呢，請參考P.021的〈正確的頁眉設定方式〉說明。

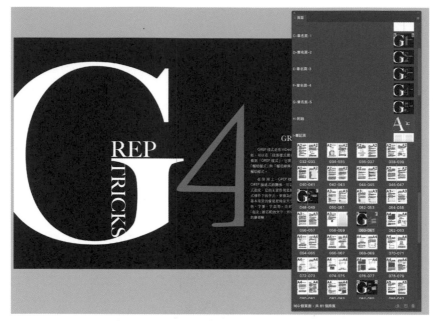

一本書裡有很多的章名頁設計也是很常見的

另外，我們也可以在章名頁設定「章節」資料，方便註解文字或是頁碼依照「章節」設定而有不同的字首編號等等。

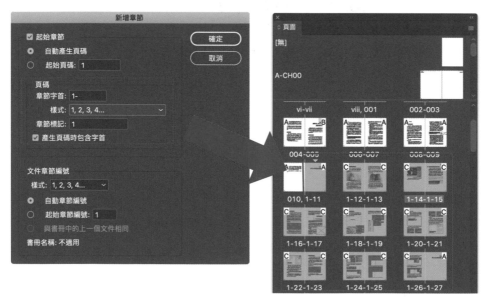

02 ┃製作出「出血」的章名頁設計

通常來說，章名頁會是整本書裡設計元素最豐富的地方，依照書籍屬性或是編輯的要求，設計上可以有很大的彈性，怎麼設計就看每個美編的想像，不過有一個小地方倒是可以提供給美編或是編輯參考的，就是盡量能夠設計出「出血」的物件。

不管是局部的出血物件、或是整頁出血物件都可以，甚至可以根據要呈現在書籍裁切邊上的整體視覺而做動態設計也可以。之所以建議做出血物件，就是方便在傳統書籍出版前，根據樣書或數位樣在裁切邊上呈現出的顏色，能夠快速檢查內文章名位置是否有正確套用到章名頁的版面設計、或是誤套用的情形。

出血設計不僅方便編輯校對，也方便讀者查詢資料

03 ▍版心大小的邊界設定

　　在 InDesign 製作新文件時，選擇完文件大小後，如果你使用「邊界和欄」來開始文件邊界設定時，一定會看到上下與內外的邊界設定。這裡其實就是我們常常在講的版心大小，上下邊界是俗稱的「天地」，這通常跟所謂的呼吸有關，不是鬼滅之刃那種呼吸，而是指閱讀感受的舒緩感覺。天地空間越大，可以獲得的舒緩就越多，但是相對地也會造成頁數增加、成本增加等現實問題；天通常會比地大，這樣的閱讀重心會比較穩，但是也有反其道而行的設計；大分量的天地空間常見於詩詞散文之類的圖書，這類圖書編輯對天地空間的大小會有很多的想法，通常我建議美編可以多涉獵一些空間美學或設計概念的書籍、文章或課程，來培養對天地空間的掌握。

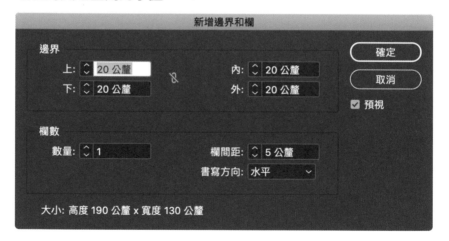

　　內外邊界主要跟視覺呈現有關，內邊界的位置在書籍對頁的中間，也就是裝訂邊，通常來說內邊界是會跟書籍的厚度，也就是頁數有關。頁數越多，所需要的內邊界基本上就一定要增加，這是因為頁數越多，書籍攤開的中間區域就會往內陷進去越多，

如果內邊界設定不夠多的話，內邊界邊緣的文字就很容易「陷」進夾縫中，讀者想看清楚文字內容就需要把書攤得更開，這就是很不好的閱讀體驗。但是，如果書籍的裝訂方式不是一般膠裝，而是那種無視厚度可以輕鬆攤開的裝訂方式，像是騎馬釘、精裝書、裸背線裝書等，就可以忽略這種物理限制。

可輕鬆攤開的裸背線裝書裝訂方式

　　另外，如果有在設計跨頁的圖片時，也不要整張圖攤開在跨頁上呈現，而是要把跨頁圖分割成兩張，依照呈現部位裁切與分別放在對頁，並且從跨頁中間的位置往裁切邊位移一些距離，這樣在實際書本的呈現上，就會感覺跨頁圖像是連續而沒有被切斷的感覺。但是如果是用在前面提到的容易攤開的裝訂方式或輸出電子書的話，就不需要做這樣的位移設定，也就是要另存一個版本才適合。

　　外邊界的部分，通常會跟頁眉的設定有關。外邊界如果太少，一方面會覺得有視覺壓迫、二方面是如果外邊界要放上頁眉文字或是標籤型的頁眉設計（俗稱「耳朵」），外邊界就要有足夠的寬度來呈現。

跨頁圖片要考慮書籍攤開的厚度，分開兩張圖片並分別離開一點間距，
實際攤開書頁時看起來會比較好看 /
資料來源：博碩文化《電子書新革命：iBooks Author 完全解析》

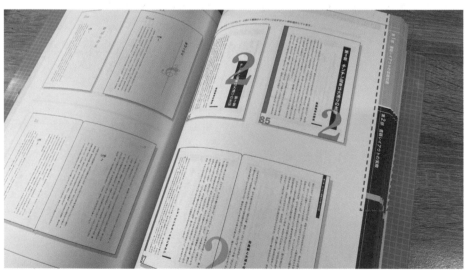

工具型圖書，經常會在外邊界的地方設計成功能型的頁眉，方便讀者查詢 /
資料來源：銀貨社《新レイアウトデザイン見本帖　書籍編》

04 ▍正確的頁眉設定方式

　　頁眉這東西是用來提醒讀者目前翻到的這頁是屬於哪一個章節範圍的，通常出現在左右頁的上方靠近裁切邊的位置、或是靠近裁切邊的中間。一般來說，頁眉的製作很簡單，只要會用「文字變數」，就可以讓頁眉自動產生。

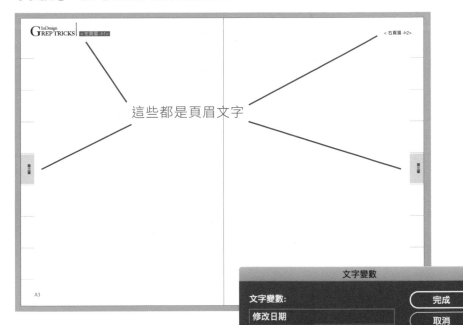

　　要製作文字變數，需要先定義變數。請點選「文字＞文字變數＞定義」，在「文字變數」視窗左邊的選項中選擇「動態表頭」，再按下「新增」。

　　在「新增文字變數」視窗中，設定左右頁眉要呈現的章節名稱。「名稱」可以取名為「左頁眉」或「右頁眉」等；以橫排

書來做示範說明的話，左頁眉如果不是書名，就是章名、篇名等等，這時候「類型」先保留為「動態表頭 (段落樣式)」，這樣表示我們要去抓取書中的段落樣式；在「樣式」那邊，從下拉選單中選擇相關章名的段落樣式；接著，「使用」有兩個選項：「頁面上的第一個」與「頁面上的最後一個」。

NOTE. 為什麼要介紹這個單元呢？頁眉這東西對書籍排版來說很基礎，但是真的有美編不會用變數文字，甚至也不會用主版面頁，就在每一頁上放頁眉文字的文字框，所以拜託不會頁眉設計的美編，請關注這一單元啊！

「使用」選項的正確應用

以橫排左翻書來說，「頁面上的最後一個」適合用在左頁眉章名或篇名的部分，因為大部分橫排書的章名或篇名頁會在奇數頁（右頁），如果左邊那一頁顯示了右邊頁面上的章名或篇名，順序性就不對了。下面用一個比較誇張的頁眉設計當示範說明：

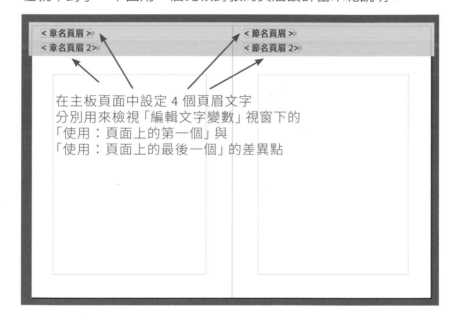

> 在主板頁面中設定 4 個頁眉文字
> 分別用來檢視「編輯文字變數」視窗下的
> 「使用：頁面上的第一個」與
> 「使用：頁面上的最後一個」的差異點

在這個主板頁面上，誇張地放了四個頁眉，剛好可以把所有情況條列出來，這四個頁眉的文字變數設定分別如下：

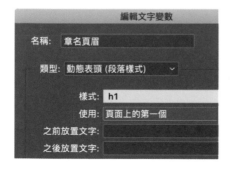

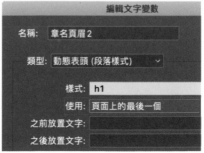

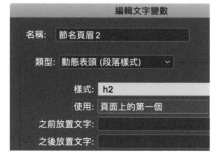

既然我們已經設定好頁眉了，就來看看實際章節內頁的呈現
會變成什麼樣子。

這個例子中，內容頁面的章名部分弄了很常用的段落開頭在
下一個奇數頁的設定，通常有兩種情況發生，一種是章名前面的
偶數頁還有文字內容，一種是章名前面的偶數頁裡沒有文字內
容。從下面兩張圖可以看出會有問題的是偶數頁沒有文字內容的
情況下，變數文字設定「使用：頁面上的第一個」就會誤載入下
一章的段落樣式，這樣子的顯示內容就是錯誤的。

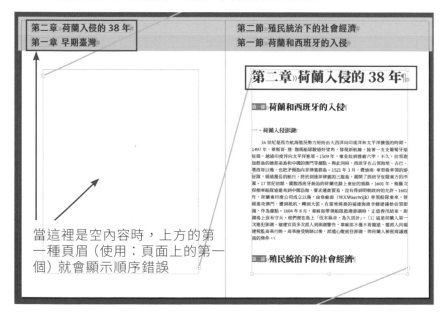

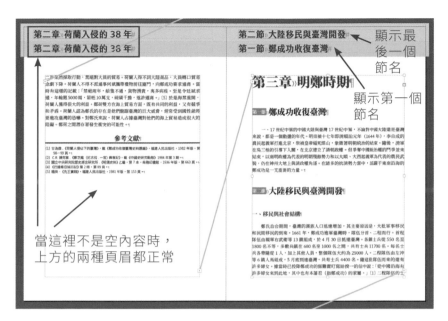

從上面的例子中，我們可以總結如下的頁眉變數使用方法：

「頁面上的第一個」是適合用在小節名的地方，因為一頁有可能出現多個小節，這時就會以該頁第一個出現的小節來命名。

或者簡單來說，左邊的頁眉（橫排書的偶數頁）適合「頁面上的最後一個」、右邊的頁眉（橫排書的奇數頁）適合「頁面上的第一個」；或者最保險的方式都選擇「頁面上的最後一個」。

以上就是基本的頁眉設定步驟與正確設定方式，要花俏一點的話，還可以在「之前放置文字」與「之後放置文字」裡添加想要的特殊字元。

當完成以上文字變數的設定後，就可以在主板頁面中，拉出文字框，按右鍵點選「插入變數」，在這裡尋找剛剛設定的變數名稱，然後把頁眉文字框整理一下，左右邊各做一個，再回到一般頁面中，就可以看到頁眉文字自動產生了。

05 ▎校對修改頁眉容易出現的錯誤

　　一般的頁眉會顯示書名或是章節標題以提供讀者參考或索引，正確的製作頁眉方法可以參考前面 P.021 的〈正確的頁眉設定方式〉，由於 InDesign 的頁眉因為使用了變數文字，所以在最後輸出確認時，不免有一些可能的錯誤會發生，下面就提兩種常見的錯誤修改方式。

文字框長度過短，導致文字壓縮在一起

　　這是比較常見的一種設定錯誤，因為在主板頁面上設定變數文字無法看到實際文字的長度，所以當美編沒有把頁眉變數文字的文字框長度設定足夠長，而又剛好遇到章節標題真的超級長的狀況時，就會出現文字擠在一起的問題。這時候只要把文字框長度拉到足夠長就好。

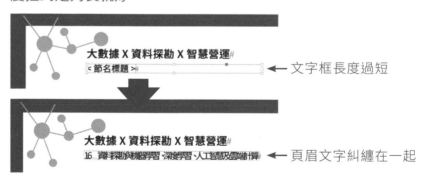

← 文字框長度過短

← 頁眉文字糾纏在一起

> **NOTE**. 好一點的習慣，就是每次設定頁眉文字框時，就盡量拉到版心內側的位置。

出現前一章的小節標題

　　這種問題通常是有些書稿內容在編排設計之初，就沒有好好

規劃好目錄結構。這種問題的現象，就像下面的結構：

第三章 XXXXXXXXXXXXXX
　　　3-1 XXXXXXXXXXXXXX
　　　3-2 XXXXXXXXXXXXXX
第四章 XXXXXXXXXXXXXX
第五章 XXXXXXXXXXXXXX
　　　5-1 XXXXXXXXXXXXXX
　　　5-2 XXXXXXXXXXXXXX
第六章 XXXXXXXXXXXXXX
附錄 XXXXXXXXXXXXXX

　　請注意看第四章跟第六章都沒有小節，假設以橫排書來說，你在左頁眉設定章名的頁眉變數、右頁眉設定節名的頁眉變數，那麼當第四章的內容超過兩頁以上，你就會看到頁面右邊的右書眉顯示的是第三章最後一節「3-2 ＸＸＸＸＸＸＸ」的文字內容，然後頁面左邊的左書眉顯示「第四章　ＸＸＸＸＸ」文字內容，這就是很明顯的錯誤，同理，在附錄這種最後的章節頁面裡，是最常見到這種錯誤的溫床。

常見的頁眉錯誤：跨頁頁面上的右邊頁眉已經顯示為第四章了，左邊的頁眉卻顯示前一章的小節名稱

　　正確的解決方法應該是把目錄結構調整好，但是如果沒辦法去調整目錄結構，那就只能在一般頁面裡，按住 cmd / Ctrl + Shift 鍵去點擊這些顯示錯誤的頁眉，然後將他們刪掉了。

06 ▎簡化版的封面設計

　　我曾在上一本的著作《InDesign Tricks：專家愛用的速效技法》示範過現在看來有點複雜的封面設計方法，後來當我經常製作書籍封面時，卻又發現有另外更方便的簡化方式。

　　為了方便未曾看過前一本書內容的讀者，我們還是解說一下正常封面設計主要有 5 個版面，分別是兩個折頁、一個封面、一個封底、一個書背。這些版面我們不用在主板頁面中製作，可以直接在一般頁面中製作出來。

折頁　　　　　封底　　　　書背　　　　封面　　　　折頁

▋Step1. 假設以 18 開（17x23 cm）的書籍尺寸為範例，先開啟一個 18 開大小的新文件，在「新增邊界和欄」視窗中，記得要把上下內外的邊界都設定為零。

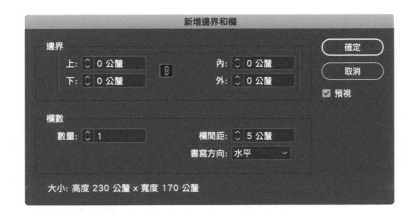

■ Step2. 開啟後的新文件與「頁面」面板如下所示。

■ Step3. 在唯一的頁面上按下右鍵，把「允許移動文件頁面」選項的
勾勾給取消。

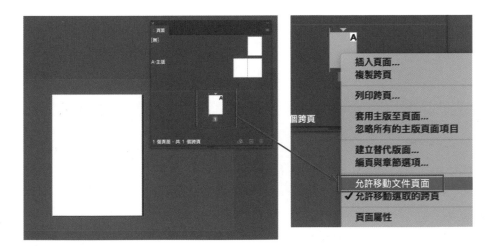

■ Step4. 接下來一樣在右鍵選單中選擇第一個「插入頁面」，在「插
入頁面」視窗中的「頁面」欄位裡填入 4，這樣就會產生總計 5 頁
的跨頁頁面。

■ Step5. 這時切換工具裡的「頁面工具」，先點選最左邊的頁面，然後在上方控制選項裡，把寬度輸入假設的折頁寬度 80mm。這時就會看到最左側的頁面變小了。

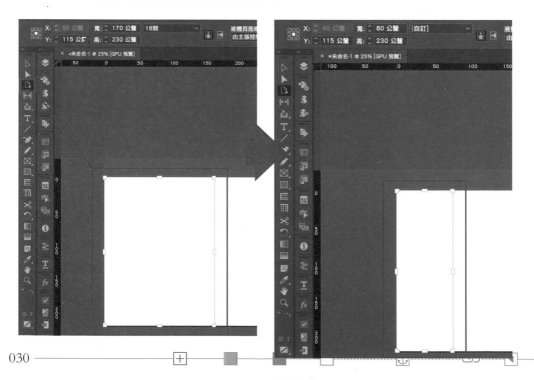

▋Step6. 同樣的方式，把最右側的頁面一樣改成 80mm 寬。你會發現，「頁面」面板裡的頁面大小會跟實際的畫面一樣變動。

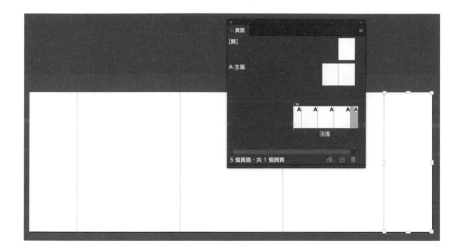

▋Step7. 接下來假設書背寬度 15mm，一樣把中間的頁面寬度設定為 15mm，筆者把控制選項拉下來方便觀看。

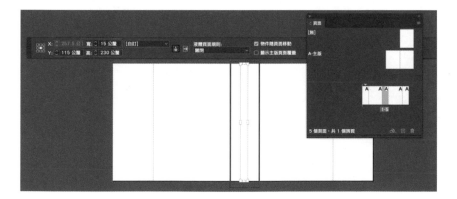

▋Step8. 其實這樣就完成了主板的設定，接下來就是在這個版面上把封面元素放上去，如果編輯端那邊因為頁數變化，只要修改書背寬度，實際上書背左右邊的封面封底元素都不會跑位，只要注意修改書背的大小與設計就好，非常方便。

假設書背寬度 17mm 的全展封面

調整為 27mm 的書背厚度，只要把多出的空白區域調整好就可以

07 │ 製作特殊形狀呈現的文字框內容

　　一般我們大概都很正常地只會用到方形的文字框來編排文件，但是有時候如果你需要做一些很特別的設計，讓文字依照特殊的形狀去呈現出來怎麼辦呢？例如下面這本書的封面用設計。

利用了特殊文字框的封面設計 / 資料來源：遠足文化《物見：四十八位物件的閱讀者，與他們所見的世界》

　　雖然不清楚設計者是用哪一種方式去設計封面底下那兩個「物」、「件」文字，不過在 InDesign 裡有兩種方法可以去呈現類似這種的設計方式。

第一種方式

　　在 InDesign 中做一個圖形件後，直接用文字工具在路徑邊點一下就可以輸入文字，接著就會形成一個封閉圖形的文字內容。

白髮漁樵江渚上，慣看秋月春
風。是非成敗轉頭空，青山依舊
在，幾度夕陽紅。滾滾長江東逝水，
浪是非成敗轉頭空，青山依舊在，幾度
夕陽紅。一壺濁酒喜相逢，古今多少事，都
付笑談中。滾滾長江東逝水，浪花淘盡英雄。白
髮漁樵江渚上，慣看秋月春風。滾滾長江東逝水，
浪花淘盡英雄。是非成敗轉頭空，青山依舊在，幾度夕
陽紅。白髮漁樵江渚上，慣看秋月春風。白髮漁樵江渚上，
慣看秋月春風。是非成敗轉頭空，青山依舊在，幾度
夕陽紅。滾滾長江東逝水，浪花淘盡英雄。
是非成敗轉頭空，青山依舊在，幾度夕陽紅。
一壺濁酒喜相逢，古今多少事，都付笑談
中。一壺濁酒喜相逢，古今多少事，
都付笑談中。一壺濁酒喜相逢，古
今多少事，都付笑談中。

基礎的封閉圖形文字設計

同樣的方式，設計一個較粗的文字，建立文字框之後，也是在路徑邊點一下輸入文字，就可以產生一個文字形的文字內容。

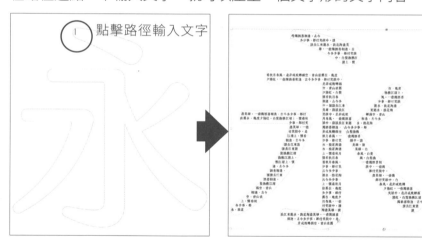

點擊路徑輸入文字

第二種方式

選取物件後，在「繞圖排文」中選擇繞圖的形式，再勾選「反轉」選項，這個選項就是讓你的文字內容僅能在形狀內呈現的意思。

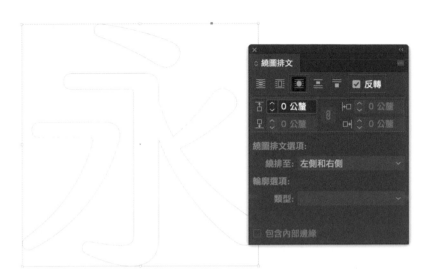

接下來準備要塞入這裡的文字內容,把文字框移動到這個物件上,就會看到文字形狀的文字內容。

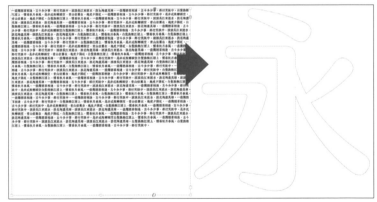

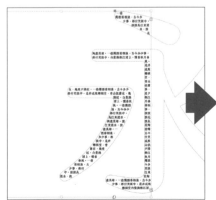

NOTE. 這種設計有點像是 Mosaic 的拼貼風格，只不過是把絢麗的圖片改成文字表現，同樣地要塞入的文字內容通常字級要小一點、行距小一點，就會呈現出比較好看的樣子。

這種方式設計還可以混搭不同的物件框形成不同於第一種方式的設計，例如下面弄了三個形狀物件，並且都設定了繞圖排文與「反轉」選項，將這三個形狀物件疊在一起，再將文字框移過去，就可以看到混合後的拼貼文字形狀。

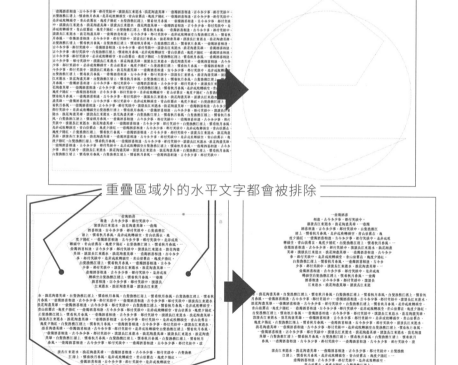

重疊區域外的水平文字都會被排除

NOTE. 這種混合式的形狀疊合，有一種規律，如果是水平文字，就會把重疊部位外水平區域的文字都排除；如果是垂直文字，就會把重疊部位外垂直區域的文字都排除。各位讀者可以自行試試玩玩。

CH02
從內文開始的設計

　　這一章談論的是很重要基礎內容，很多 InDesign 編排者可能都不知道自己是在做「手工」編排、不知道「自動」編排的方法，導致每次編排與修改都會花很多時間，其實這就是沒有正確的基礎觀念，經常在用「自由」的方式編排的結果。

　　這一章會從最重要的段落樣式開始，認識自動化編排的基礎角色──段落樣式，接著去延伸了解內文編排中各種重要的設定與用途，這是一般的編排書籍不會教到的知識與經驗，閱讀完本章後，你就會知道正確的文字編排方式是怎麼開始進行的。

08 ▎段落樣式的重要性

　　說到段落樣式，可以說是基礎中的基礎，就像大樓的地基那樣，一本書的編排一定是由段落樣式來層層堆疊而起，如果一本書裡沒有設定段落樣式，那一定是個不合安規的建築物。

　　為什麼要來聊到這個段落樣式呢？老實說也是在面試了一些新人之後，發現他們編排內容有的是完全不用段落樣式、有的是只用一個段落樣式、有的是用字元樣式在編排書稿，這些純手工或半手工的達人們當時也真是讓我開了眼界，所以我想說在這裡聊聊這個基礎中的段落樣式。

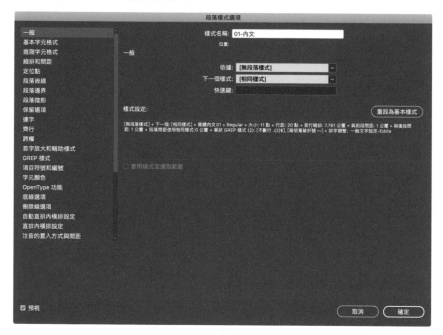

　　每個段落樣式都有它代表的角色定位，例如章節標題、各式內文段落、編號或項目、表格文字、圖說文字、註腳文字、甚至是主板頁面上的頁碼或是頁眉等，正常來說，我們應該給他們各

自的身份——對，就是段落樣式。一本完整的書籍編排，會出現的段落樣式至少也會有 5 種：章名、內文、目錄文字、頁眉文字、頁碼（版權頁的文字姑且不說），這是一般常見的小說體裁會用到的基本樣式，再多一點 10 個以上的段落樣式都很正常，教科書那種有時作者神智不清亂設各種樣式的可能也有 50 種之上也很正常，真的就是這樣。

可能有人會覺得要設定個 10 種以上的段落樣式很麻煩，但是真正麻煩的是如果你沒有設定段落樣式，後面的修改就是超級大麻煩，在更後面如果你要做電子書的轉換又是更大的麻煩！

還有，段落樣式的名稱請好好命名，不要用自己看得懂的奇怪簡寫，你不知道什麼時候會被其他人拿來使用，寫得清楚一點也會方便後面幫你擦屁股的人。

以上是一個從業近二十年的編輯的認真囑咐，一本書不是只有初排就完事的，初排好的稿子正常流程需要經過編輯確認、作者校對、編輯再確

認（也許會有編輯主任或總編再插手一看），至少也會改個三到十次以上都有可能，每一次更改別以為只是改錯字這麼簡單，例如因為要湊台數或增減頁數符合需求的關係，內文的字級要調大或調小、不同的標題段落間距要調大或調小等，一百多頁的小書沒什麼問題，三四百頁上萬行的文字內容想像一下逐頁逐頁更改文字大小、段落間距大小、還時不時因為串連文字框的關係，文字一行一行地往下或往上跑，光是這種修改你覺的會花多少時間呢？還不是只有一次喔！人生的路上很長，遇到幾個瘋狂的作者或編輯也是很合情合理的。對了，補充一下，如果你又是那種不會用串連文字框的，一頁一個文字框，我看你都要哭出來了吧！不對，你還是回火星重新學習後，再回來地球接排版吧！

這只是文字大小與段落間距的修改，像是增刪整段文字、或是把表格欄位裡的文字更改顏色或字體大小等呈現、編號或項目樣式的重新調整、部分標題與內文不准孤字成行、章名起頭要在奇數頁或下一頁的設定等，都還沒說到呢。

說到這，可能一些初學者已經嚇到瑟瑟發抖了，不就是排版嗎？有這麼恐怖？說真的，InDesign 排版沒這麼恐怖，恐怖的是粗心與沒有基礎觀念下進行排版的心態。我一直以為，排版是一個需要縝密計算與佈置的工作，其實是很適合編輯來做的，但是真正用 InDesign 編排的卻是美編的角色，雖然奇怪，但就是現在的常規。

因為書籍的內容是很有層次規劃的，正常的書稿應該是經過編輯的整理過後才給美編的，美編收到的應該是有層次的稿件，知道每一個標題或內文應該對應什麼樣的段落樣式。在這個「正常」的流程裡，編輯提供了骨幹、美編設計了外衣，長久以來這

樣的配合方式也沒什麼不好，有問題的是美編在設計「外衣」時，沒有符合正常的製作流程──也就是沒有仔細地將每一段文字指定它的身份──段落樣式。

> NOTE. 說到設計「外衣」的美編，也有分很多型的，最常見的就是統包：版型設計、段落樣式設計、內文編排、校對修改合在一起做的美編，也有那種規模很大的出版社，把上面講的工作細項分開由不同的美編負責。

　　雖然大家會覺得這麼長久過去了，大家還不是書稿來、書稿出，一樣是在編輯規劃的發行時程裡出版書籍。但是好日子過去了，現在的出版業再也不是印紙像是印鈔票的那種輝煌時代，編輯整理稿件不再像從前那樣有充裕的時間，美編編排一本書的收入也沒像以前那樣美好，各行各業都是一樣的，當收入變少，做的事情卻比以前更多時，問題就會顯現出來。

　　第一個問題是有些出版社的編輯沒有充裕時間做好整稿的動作，甚至來稿只看錯字或內容通暢度後，內文層次完全不理就丟給美編排版，這種情形很常發生在一些新編輯身上（因為沒錢沒時間教育訓練）；第二個問題是，美編因為不良的基礎，每次改稿本來就要花很多時間，加上編輯一開始又沒指定好內文層次，編排的工作時間又要增加，但是排版費下砍了一半，等於收入少了一半以上，想提升效率卻不知道怎麼辦？

> NOTE. 編輯也有很多不同類型，有的編輯擅長溝通，很會邀稿與洽談合作；有的編輯擅長內容規劃，很會與作者溝通內容的完善度；有的編輯擅長校對內容，這種可能是文字編輯居多；有的編輯各種工具都會，通常很像臉書小編這種。總之，因為編輯屬性不同，對待稿子的認真性也會不同！

　　第一個問題有兩種解法，一種是等景氣好、等出版社賺錢了，編輯自然就有以前的充裕時間，第二種就是換個編輯（老闆）吧；第二個問題的解法就是回到基礎上，學會與認識段落樣式的重要性，每段文字內容指定一個段落樣式雖然可能覺得煩，但是打好基礎對你以後的修改都只是彈指之功，配合段落樣式的快速鍵，你在編排時就會成為快速的達人，如果另外學會 GREP，你就會變成神速達人。

> **NOTE**. 想成為快速的達人，除了本書的內容外，還可以參考第一版的書籍《InDesign Tricks：專家愛用的速效技法》；想成為神速的達人，請精通 GREP，可以參考《GREP Tricks：InDesign 自動化的極致，快速搞定瑣碎繁冗的編排流程》。

　　還有一個好處是，現在流行的電子書製作，製作的基礎建立在段落樣式上，只要搭配好一個完整的 CSS 樣式表，轉換電子書的過程也不過是在一二十分鐘內（以小說為基礎，複雜一點的可能也在兩三小時以內），更多的介紹可以參考 P.231 的〈快速聊聊電子書製作方法〉，學會這樣的附加價值，對你要求發包出版社增加一些費用、或是本身在出版社上班的美編，都有一些加分的效果，但是效果如何我就不敢保證了。

09 字元樣式的重要性

上一篇提到段落樣式的重要性，想當然就要來講講字元樣式的重要性。

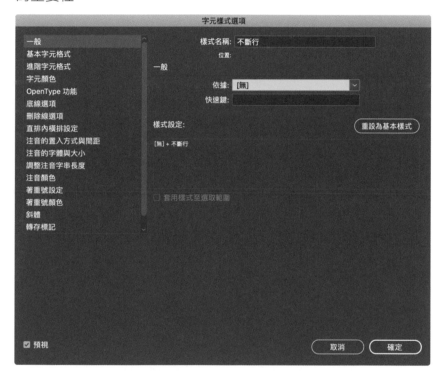

字元樣式的定義，簡單說就是段落中某部分範圍的文字，一個字或整段文字都可以設定字元樣式，因為這樣，我就曾經見過手工達人給我的編排檔案沒有段落樣式，只有字元樣式！

上面舉的是個很瞎的例子，大家千萬不要學。字元樣式是個輔佐段落樣式的超級好幫手，舉凡英文斜體、粗體、上下標文字、不同顏色的字、底線設計、或者注音符號呈現等等，都會用到字元樣式。同樣地，我還是會苦口佛心地建議大家，只要有做到字元的調整，就要建立好字元樣式，一來是因為以後修改變動

方便、二來是在電子書的製作時,可以匹配適合的 CSS 類別、三來是很多的內嵌樣式需要用到字元樣式,像是段落樣式選項中的「項目符號和編號」、「GREP 樣式」、「首字放大和輔助樣式」等等,這些內嵌字元樣式遠比正常字元修改的部分提供更多編排的變化與優化,例如要製作多行的標題設計、目錄頁碼的虛線設計、內文孤字不成行的呈現、英文字連字號設定、項目樣式粗體標設定、特殊字元的文字間距優化處理等等。

GREP 樣式需要搭配字元樣式才能呈現多樣的設計內容

還有一個地方是,如果在段落中進行了部分文字的修改卻沒有指定字元樣式,那麼這個段落就會出現「優先選項」標記。「優先選項」並不會影響到編排的完整性,但是在使用「樣式優先選項的醒目提示工具」檢視內文時,就會看到藍色醒目色條,有強迫症的人會覺得很不舒服,但是比起不舒服的地方,要尋找做過修改的字元,就不能透過指定字元樣式來尋找,在尋找 / 變更的過程會變得比較沒效率。

NOTE. 優先選項的說明,可以參考 P.092 的〈快速清除段落的優先選項〉與 P.300 的〈利用醒目提示工具找出問題文字內容〉的說明。

10 ▍從內文開始構築正確的編排方式

InDesign 是一個很靈活、彈性的好用編排軟體，你可以用各種方式去完成你想要的編排結構，文字與圖片的配置只要你想的到，就能夠排出所視即所得的版型外觀，但也因為如此，在這好用的甜美果實前，很多人就陷入了所謂的惡魔陷阱中。

因為工作的關係，筆者看過很多人的編排檔案，很大部分的編排結構都是很「自由」的（奔放、毫無結構），其實早期的我也很自由，但是摸索久了，尤其是接觸電子書的轉檔製作後，我發現不管是做雜誌的、還是做書籍的，其實正常的編排結構應該還是要一樣的，不過呢，封面、BN、海報這些單頁式的設計可以不用考慮正常結構的。

那麼何謂正常的結構呢？簡單說就是把所有的樣式都做滿！

InDesign 擁有許多樣式設定，段落樣式、字元樣式、物件樣式、表格樣式、儲存格樣式等，這些樣式都是對應原本段落、字元、物件、表格、儲存格等等設定的延伸與儲存。而在編排書籍內文時，第一個會遇到的就是段落樣式，也就是從一般的內文設定開始。

從頭開始的一般內文

編排稿件的第一個順序，通常不是章名、也不是節名或其他標題，而應該是構築整本書的主題——一般內文。一般內文以網頁標籤來說就是 <P> 與 </P> 裡面的文字。

除了標題或是特別的內文，像是引言、說明框文字、圖說文字、表格文字、註解文字、參考文獻文字、項目或編號文字外，其他的內容文字就是一般文字的範圍。

筆者曾經覺得這樣的定義很理所當然，但是曾有美編同事詢問我，大標（章名）後面有引言文字，中標（節名）後面是一般文字，那麼小標跟小小標後面是要設定什麼文字樣式嗎？

這樣的邏輯構想，就像下面圖示：

> 大標題
> 　引言文字引言文字引言文字引言文字引言文字……
> 　中標題
> 　　一般內文一般內文一般內文一般內文一般內……
> 　　小標題
> 　　　小標題內文小標題內文小標題內文小標題……
> 　　　小小標題
> 　　　　小小標題內文小小標題內文小小標題內……

因為我們在設計標題時，會考慮到表現層次，有時候會把下一層的標題往後縮一些，但也不是全部，上面的圖示是比較誇張的呈現，大部分是用文字大小與粗細來表現層次差異。所以筆者那同事就會想，既然標題都有層次差異了，那麼這些標題下面的文字是否也要有層次差異？

邏輯上來說，好像應該要，但實際上除非特例，就像大標題偶爾會有的引言文字外，基本上不管什麼標題下面的文字，都是一般內文的樣式。搞得太複雜不僅讓美編頭暈腦脹，其實就讀者來看也會覺得很奇怪，產生閱讀障礙。所以上面的圖示，正確來說應該會是這樣：

> 大標題
> 　引言文字引言文字引言文字引言文字引言文字……
> 中標題
> 　一般內文一般內文一般內文一般內文一般內文……
> 小標題

> 一般內文一般內文一般內文一般內文一般內文……
> 小小標題
> 一般內文一般內文一般內文一般內文一般內文……

內文需要設定什麼

很多的編排書籍根本不會講內文要做什麼，只會說段落樣式有什麼功能，但是實際編排一本書的內文時，段落樣式其實需要做很多設定。

字級大小與行距

首先是字級的大小，依照書籍屬性與成本要求都有一些變化，正常來說字級在 9~12pt 之間都有，9 級字通常是那種藝術設計類的書籍，12 級字（含以上）可能是給老人家或是小孩看的書種，正常普通人看的字級約在 10~11pt 之間。

字型的選擇通常有分襯線字與無襯線字，襯線字的意思就是筆劃的邊邊有裝飾突起形狀，例如國字的一在最右邊有個小三角形就是襯線字，沒有就是無襯線字，以中文字型來說，襯線字就是楷書、明體、仿宋體，無襯線字就是黑體、圓體這些；英文來說，Times New Roman 是襯線字，Arial 跟 Helvetica 是無襯線字。

一般類型的圖書都會用襯線字當內文，科技與設計類的書可能會用無襯線字，有時候也跟出版社的定位有關，只是如果內文裡有英文時，記得中文與英文都要用一致性的字型比較好，不要有襯線字＋無襯線字的中英搭配。

說完字型與字體大小後，接下來是行距，正常的行距很多都是設定在字級大小的 1.6 ～ 2 倍間，例如 11pt 字的行距推薦在 18 ～ 20 之間，字數多可能會用 18pt，字數少可能就用 20pt 為行

距，有時也看總頁數（成本需求）而需要微調。

（首行縮排）

　　在設定好文字大小與行距後，就可以來設定首行縮排。很多
的作者在給稿時，會在每一段落前面加兩個全形空格，這其實蠻
多餘的，可以用 GREP 一次取代掉，要注意，真正的首行縮排，
應該是要靠 InDesign 的設定來自動呈現才是，而不是在每一段落
前面手動加全形空格。

　　首行縮排可以在定位點那邊拖曳上方的三角形到第二個字元
就可以，如果拉曳時不容易對齊第二個字元，還有一個更簡單的
方式，就是點擊上方的三角形，在下方的位置 X 欄位裡，輸入兩
個字元的大小。雖然預設顯示為 xx 公釐，而我們的字級大小是
11pt，單位是不一樣的，但是我們可以在欄位裡輸入「22pt」，他
就會自動轉換為 7.761 公釐，就是我們想要的 2 個字元寬度了。

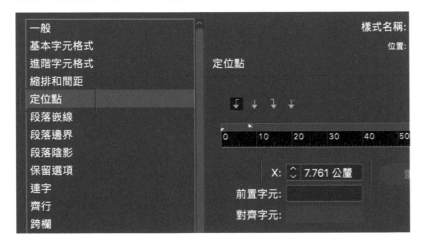

（齊行設定）

　　在「縮排和間距」設定中，有一個「對齊方式」的下拉選項，

正常的一般內文一定是「靠左齊行」的對齊方式，這樣可以讓文字依照文字框的寬度均勻分布，在外觀上看起來很整齊，而「靠左」則會在文字框的右邊產生類似鋸齒邊的排列，看起來就會比較醜，不過如果是英文編排的話，也有選擇靠左的對齊方式，更詳細的說明，可以參考 P.061 的〈選擇匯入 Word 的時機〉的說明。

段落間距

　　有了首行縮排後，接下來考慮是否需要段落間距。如果你的行距本身就設定很大，不用設定段落間距也無妨。如果行距比較小，建議可以加點段落間距（通常建議為 1 ～ 3 公釐就好，視情況而定），讓段與段之間有點舒緩的空間。而在 InDesign CC2020 以後的版本中，還多了一個「段落間距使用相同樣式」設定，可以讓不同段落樣式間呈現明顯的段落差異，是非常好用的功能（這個好用的功能，請參考 P.127 的〈InDesign CC2020 讓空白行成為歷史〉這篇文章）。

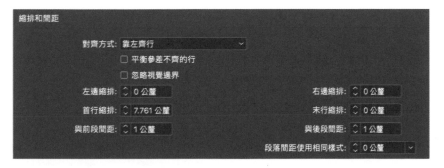

NOTE. 在設定段落間距時，同時會看到左右邊縮排的選項，原則上各種段落樣式可以在左邊縮排上做增減，但是不建議右邊縮排做調整，除非是做在一個框架裡的文字，需要避免文字碰到右邊邊界時，才可以做右邊縮排調整。

孤字不成行

　　InDesign 中文版預設了「繁體中文避頭尾」的設定，可以讓標點符號不至於單獨出現在段落結尾處，但是會讓中文字加標點符號共兩個字元出現在段落結尾處，即使這樣，當一大段文字的結尾只有兩個字時，這個末行看起來就會很不漂亮，我們會稱做孤字成行。

　　要解決這個辦法不應該是讓美編或編輯或作者去增刪文字，因為可能有太多這種情況改不完，花費的時間成本太不值，其實只要利用 GREP 樣式，填入 .{3}$，指定字元樣式為「不斷行」的設定，就可以讓末行呈現至少三個字，不喜歡的話數字那邊就填入 4，就至少是 4 個字結尾。

　　這個設定超級方便也很簡單，帶來的效果卻很驚人！細節可以參考：P.067 的〈不斷行尾數的美麗與憂愁〉。

文字間距設定

　　中文排版有個很容易造成文字間距很醜的情況，那就是各種標點符號相鄰的情形，例如」與（相鄰、或是》與、相鄰，因為這些字元算是單字元寬度做成雙字元寬度，所以會有一個單字元寬度的空隙，而當兩個這種字元相鄰處剛好是空隙的地方，在外觀上看來就會像是相鄰字元間有一個全形空格的感覺。

　　這種情形就要利用「排字調整設定」（InDesign CC2020 版本以前稱作「文字間距設定」）進行調整。調整的方式可以參考 P.065 的〈排版前一定要先弄好文字間距〉、P.101 的〈快速修改段落首字左括弧字元的文字間距〉兩篇文章。

　　建立好的文字間距設定不一定符合每一本書的狀況，其實都

需要經常微調，但是產生的效果卻是很棒的！

(英文字型語系調整)

　　如果你編排的內文裡含有英文時，建議製作複合字體與設定英文語言的 GREP 樣式。複合字體需在「文字＞複合字體」進行設定，製作的原則就是中文明體字＋英文襯線字、中文黑體字＋英文無襯線字的組合方式，這樣中文段落裡出現的英文會比較好看些。

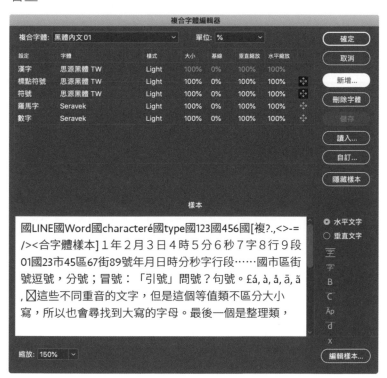

　　除了設定這個複合字體外，中文編排的預設中常常會因為齊行的關係，預設判斷英文是中文字元的情況下，常會出現英文文字的間距超級大。這時候如果在 GREP 樣式中填入 [\u\l]，指定字元樣式為「進階字元格式＞語言＞英文：美國」，就可以讓英文字

元依照英文編排的方式，智慧產生連字號，讓整段文字依舊保持良好的文字間距，詳細的部分可以參考 P.162 的〈讓中英文字夾雜的段落文字間距變好看〉。

其它的設定

大致上一般內文樣式就前述這些主要設定，除此之外依照需求會有其它不一樣的設定，例如兩個破折號要改成一個長破折號、或是英文名字的中間號間隙過大，都可以用 GREP 樣式設定，細節可以參考 P.124 的〈令人討厭的破折號與音界號〉。

如果是做直排書的話，可能會用到自動直排內橫排設定，但是要依狀況小心使用，因為可能會有很多悲劇產生。如果在做電子書轉製，也可以在設定段落樣式時，在轉存標記這裡指定 CSS 類別。

做好一般內文的段落樣式設定後，其它的標題或是段落內文，都可以依據一般內文的樣式去新增並修改，可以說一般內文的段落樣式，是規劃整本書籍內文編排的基礎與出發點。

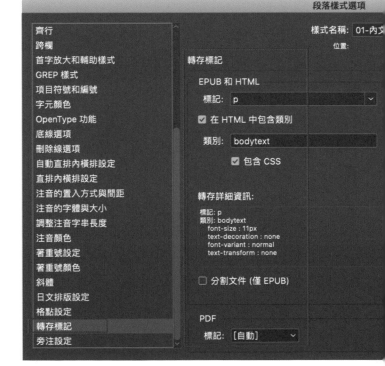

11 ┃正確使用文字框

　　第一次使用 InDesign 編排的人會有一個困擾，就是要怎麼輸入文字？

　　其實這只是一種習慣的差別而已，在 Word 裡我們習慣開啟文件後就可以輸入文字，但是在 InDesign 中要先拉出一個文字框，然後才能輸入文字、編排內容。這是因為 InDesign 幾乎可以做到所視即所排的超自由編排工作，所以它需要用文字框工具來定義輸入文字的地方與範圍，這樣的好處使你可以安排文字出現在任何地方，不管是編排書籍、設計封面或是文宣圖片設計等都很方便，但是太過濫用這種靈活彈性，養成了壞習慣，製作出來的書稿結構對自己或是他人都可能是一場災難。

　　下面就來分享一些，在編排書籍時，正確使用文字框時應該養成的好習慣。

使用串連文字框

　　你應該把整份書稿的內容放在同一個串連文字框中，包含圖片應盡量用錨定物件置於內文中。這樣的好處是讓你的內文修改不受頁數干擾，不管是刪掉還是增加內文，受影響的部位就會自動銜接後面的內文。如果你沒有用串連文字框，例如每一頁都用獨立的一個文字框，在改稿時只要其中一頁有增刪（少量或超過一行字數）的文字，後面接續的文字就需要手動剪下貼上前一頁，其後的每一頁都要這麼白痴地手動修改，而這只是第一次修改，書稿修改通常至少三四次以上跑不掉……。

錨定物件

　　除非特定，內文中出現的圖片最好都能設定錨定物件置於內文中。

　　所謂特定的情形，是指那種著重版面設計規劃（習慣稱複雜版面設計）的書種，例如攝影書、食譜書、生活風格、工具類圖書等含有大量圖片的書種。否則，正常出現的圖片，不要讓他們獨自飄流在外，一定要把他們錨定到內文中，錨定後你可以另外拉文字框與繞圖排文做一些美化的設計，這樣的好處跟前面所說的一樣，在增刪內文時，這些圖片因為錨定屬性，你不用擔心圖片跑去哪邊，他就乖乖留在對應的文字那邊。

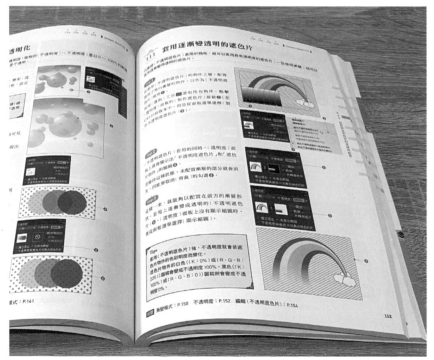

大量圖片編排的工具書，常是不容易錨定物件設定的例子 /
資料來源：博碩文化《Illustrator 不敗經典》

> **NOTE**. 複雜版面設計的書，如果要考慮到紙電同步的流程，而且業者願意多花一些時間與成本，也是可以將這類書籍錨定化，細節的部份可以參考 P.286 的〈關於自訂的錨定物件選項〉。

多欄文字框

通常在製作雜誌、大尺寸的書籍或部分目錄、索引設計時，比較會用到雙欄或以上的多欄文字框的設定。如果需要用到的多欄文字框數量很多時，建議可以製作物件樣式來套用。而在這類多欄文字內容中，總會有個起始標題，視需求可以在段落樣式中指定跨欄，可以節省一些手動調整的時間，是很好用的功能。

另外，有些標題與內文很固定的雜誌，在製作多欄文字時會希望每一欄文字框底部的文字都能對齊，這時候就要在「文字框選項」視窗中，於「一般」頁籤裡選擇「垂直齊行＞對齊：齊行」。

文字框選項

一般
欄嵌線
基線選項
自動大小
註腳

一般

直欄： 固定數字

編號： 1   寬度： 110 公釐
欄間距： 5 公釐   最大： 無
☐ 平衡欄

內縮間距
上： 0 公釐   左： 0 公釐
下： 0 公釐   右： 0 公釐

垂直齊行
                         對齊： 齊行
                         段落間距限制： 0 公釐

☐ 忽略繞圖排文

☑ 預視   取消   確定

設定物件樣式

　　文字框也是物件樣式的一種，正常文字框沒有屬性設定，前面說的多欄文字框可以做成一種物件樣式，除此之外在設計一些說明框、TIP 框這類特別內容時，也是可以考慮另外獨立提供一個文字框的物件樣式，添加填色、線條、陰影等等屬性皆可，但是記得這些說明框也是整本書中串連文字框的一員，完稿前或後都盡量不要讓它獨立漂流在外面。除了方便校對修改外，未來要製作電子書時，這個文字框的物件樣式是很重要的類別設定，細節部分可以參考 P.286 的〈關於自訂的錨定物件選項〉的說明。

　　常用的文字框設定可能有這些設計，提供參考：

1. **說明框設計**：調整四周內縮間距、顏色、線條、轉角等。
2. **圖說文字框**：調整上邊間距，讓圖說文字框直接貼上圖片。
3. **多欄文字框**：常用內文中經常切換雙欄或三欄文字框應用，還可選擇嵌入分欄的欄嵌線設計。
4. **拉線圖說框**：背景色加四周內縮間距設計，可壓在深 / 淺色圖片之上做說明用。
5. **連續編號的文字框**：這本書看到的每一單元編號，都是一個特別的文字框物件樣式，這個文字框中單獨置入編號設定，即可自動產生連續編號的設計，細節說明請參考第一本書《INDESIGN TRICKS：專家愛用的速效技法》的內容。
6. **頁碼頁眉用的文字框**：設定文字偏離裝訂邊對齊。
7. **自動調整大小文字框**：某些需要自動對齊高度與寬度的文字框，例如表格、圖說文字等。
8. **垂直齊行的文字框**：希望多欄文字的行數能夠垂直齊行對齊，但是要考慮行數落差不能太大。
9. **忽略繞圖排文**：可以將圖說文字壓在有繞圖排文的圖上。
10. **錨定文字框**：將文字框錨定在內文中。

12 ▎依照位置切斷串流文字框

　　書籍編排文件最重要基礎的是設定串連文字框，不過有時候也會有需要將文字框切斷的時機，例如需要讓每一章都獨立成一個串連文字框，以方便後續可能要切分到書冊文件上使用，或者方便後續增刪內文時不至於影響到其他章節的順序編排等，例如這本書的編排就是將每一章的文字框分開，以方便後續校稿時又增加新的內容或調整，卻不會影響到後面既有的版面編排。

　　那麼要怎麼切斷文字框呢？這個方法來自於網路上神人分享的指令碼（http://jsid.blogspot.com/2005_08_01_archive.html），讀者可以去拷貝程式碼製作成指令碼，或者我有下載製作成DivideStory.jsx 分享在下列網址：

https://reurl.cc/jDRMRq

會下載一個「DivideStory.jsx」指令碼

　　下載之後，開啟 InDesign 的「指令碼」面板，選擇「使用者」的分類，按下右側的功能選單，選擇「顯現在 Finder 中」（PC：顯示在檔案總管中），然後把下載的指令碼丟到「Scripts Panel」資料夾裡面。

將下載的指令碼移到「Script Panel」資料夾中完成安裝

　　完成上面步驟後，在「指令碼」面板裡就可以看到「DivideStory.jsx」這個指令碼。接下來我們選擇要切斷的文字框，然後雙擊這個指令碼，就會將這個文字框與前面文字框的聯繫切斷。

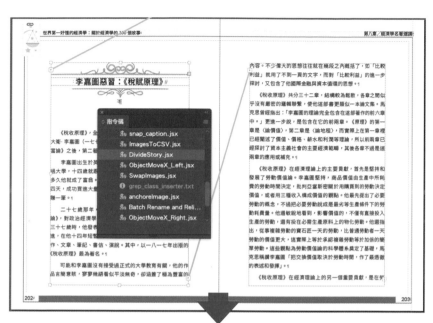

　　「DivideStory.jsx」這個指令碼只能切斷選取的文字框與前面的連結，還有一個更好用的指令碼「BreakTextThread.jsx」。使用這個指令碼之後，會出現下面的對話視窗，可以指定選取的文字框要與前面或後面切斷連結、所有串連文字框切斷、以及指定某個段落樣式所在的文字框切斷。

切除文字框前面的連繫
切除文字框後面的連繫
切除選取的串連文字框的所有連繫
切除段落樣式所在文字框前面的連繫

　　詳細的說明與分享下載連結如下：

https://www.id-extras.com/break-text-thread/

　　或者從我提供的分享連結下載也可以：

https://reurl.cc/65LVNV

13 ┃選擇匯入 Word 的時機

正常編排 InDesign 書籍文件，一定是已經有了完整的稿件需要處理，大部分的稿件格式應該是 Word，美編可以選擇的匯入方式有兩種，一種是拷貝貼入、一種是置入 Word 的方式將文件置入 InDesign 中。

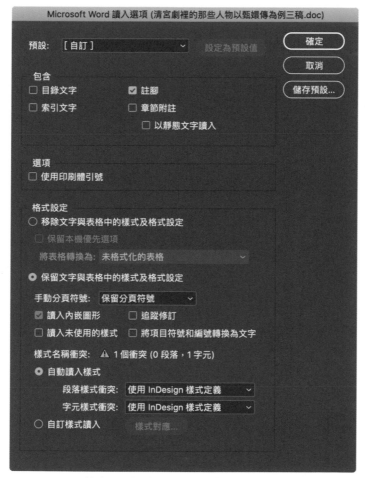

讓人又愛又恨的 Word 置入選項視窗

對美編來說，Word 檔案是個又愛又恨的格式，愛的是它是

主流的大部分的稿件格式，容易檢查，可是 Word 自帶的複雜格式也是美編最討厭的地方，尤其還包括讀入後遺失文字內容、編號或註腳順序錯誤、自帶遺失字型、產生奇怪書籤或超連結、產生超多無用樣式、甚至因為圖檔或註腳過多造成置入當機，沒有最多問題，只有更多問題就是讀入 Word 最大風險的地方。

一般來說，如果是純文字的稿件，沒有太多段落與字元樣式的稿件，我們通常會建議美編直接把 Word 裡的稿件拷貝貼入到 InDesign 中。不過有些情況下，我會建議美編用匯入的方式將 Word 讀入 InDesign 中。

第一種情形是書稿中有嵌入大量的圖片時，讀入 Word 可以自動將這些圖片匯入，之後透過指定物件樣式，可以讓編排效率更快。

第二種情形是有很多註腳，利用讀入 Word 可以讓註腳的文字顯示在 InDesign 中，不過需要小心一點的是，匯入的註腳有時候會有順序錯誤的情形，但是至少會把註腳字元的位置特別顯示出來。

> **NOTE.** 如果一本書有數百張圖與數百個註腳，通常就會造成很大的記憶體資源消耗，並且有很大的機率造成置入當機，這時候就像某個常聽到的愛情問題：老婆與媽媽落水，你要救哪個？依我的建議，我會選擇留下圖、拋棄註腳。因為註腳置入順序會是錯的，你還是要從頭標示修改，但是圖檔置入不會錯，頂多就是換入解析度較高的圖檔做更換。就製作的程序來說，這樣會比較有效率。

第三種情形是有很多段落、字元樣式設定，但是要注意的是有在 Word 中設定正確「樣式」，這樣子讀入 Word 時可以顯示出這些段落、字元樣式，修改起來就會很方便。但是如果是那種把文字選取起來加大字級、加粗、換字型、換顏色等等設定，這些

就不是正確的「樣式」設定，這種情形下，讀入 Word 只會產生更多混亂的樣式。

第四種情形，擁有超多數學 (化學) 公式的書建議用讀入 Word 的方式，因為像是 $C_6H_{12}O_6$ 或是 $c=3x10^8 m/s$ 這種需要標著很多上標或下標字的內容，還是引用原來 Word 的格式會比較好，不然美編要逐一檢查這些字元去重新套用，那會很花時間。不過，如果作者（或編輯）不是用樣式去標這些上下標，那真的要哭了……

除了這些特別例子外，真心覺得用拷貝貼入的方式去排版，風險最低也最實在，因為能遇到正確使用 Word 提供稿件的人實在太稀少。

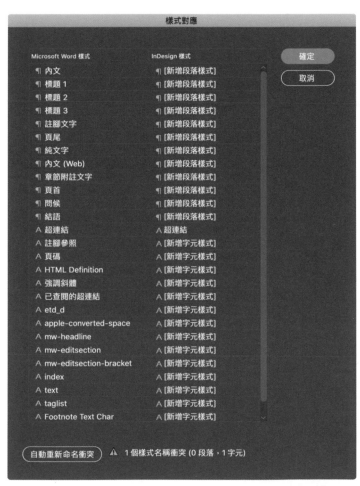

從「自訂樣式讀入」選項中查詢 Word 使用的樣式，就會覺得超厭世

14 ▌文字靠左與靠左齊行的選擇

　　在內文的對齊方式設定上，一般我們會用到「靠左齊行」當作內文固定的對齊方式。何時我們會用到「靠左」的對齊方式呢？在 P.075 的〈兩段式標題的設計方案〉中，我們就有提到標題可以用到靠左的對齊方式，其實要分辨兩種對齊方式的分野，我想到的有這幾種：一種方式是段落中會不會用到強制分行；一種是文字數長度限制；一種是西歐文字的編排。

　　強制分行的用處在 P.075 的〈兩段式標題的設計方案〉已有說明，就不再贅述；在表格裡的文字，有時後因為儲存格寬度不夠（可呈現的文字數長度不多）、表格文字中夾雜中英數字，這時候使用靠左而不是靠左齊行，會讓儲存格的文字看起來比較美觀，這可能是選擇靠左的時機之一；另外，不固定長度的圖說文字，也很適合用靠左對齊方式；至於西歐文字，例如在編排英文內容時，有些早期傳統的英文雜誌期刊編排方式，就是以靠左的方式編排，所以這時候採用靠左的方式也不會覺得很奇怪。除此之外，如果是編寫電腦程式碼，也請一定要用靠左對齊的方式，不然程式碼間的文字間距看起來會很搞笑喔！

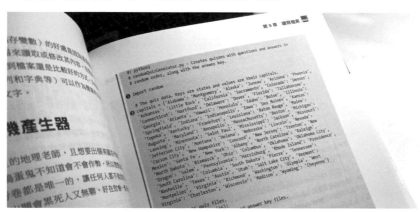

程式碼編排一定要用靠左的方式編排 /
資料來源：碁峯資訊《Python 自動化的樂趣》

15 ┃排版前一定要先弄好文字間距

　　大部分初學排版的美術人員，一定從沒用過這個「文字間距設定」（InDesign CC2020 版改名為「排字調整設定」）。這東西就像料理中的調味料，調味料用的好，料理就像加了魔法一樣地美味，同樣地，文字編排如果確定了文字間距的調整，就可以讓很多不舒服的空間獲得改善。

　　這些所謂的不舒服空間，大多是中文標點符號與漢字、與英數字、與定位點間的文字間距，試著輸入以下的文字在 InDesign 中，就會很明顯發現他們之間的間隔很奇怪，這是因為中文字型的設計原則造成的奇怪間隔。

> 問：「又來了？」（沉默中）回：「還是老樣子！」。
> Peter Zhou著作：《美國夢American dream》、《123躺著發大財！》。
> 「……崇尚節儉之意。」（〈聖祖實錄〉卷一百二十二）

　　正確的間距修改後的樣子如下：

> 問：「又來了？」（沉默中）回：「還是老樣子！」。
> Peter Zhou 著作：《美國夢 American dream》、《123 躺著發大財！》。
> 「……崇尚節儉之意。」（〈聖祖實錄〉卷一百二十二）

　　兩者比較後是否有很明顯的差別？

　　這類的問題在以前鉛字排版時，會用特別的半形字塊去處理，但是 InDesign 對中文的優化方面似乎沒有英文版本的好，所以就只能依靠一些特例的處理方式去調整，也就是在「文字間距設定」裡，需要去建立一個新的文字間距組合集（新版本叫做「排字調整集」）。

　　這裡的設定主要有兩個方向：鎖定前方字元調整與後方字元
的間距、鎖定後方字元調整與前方字元的間距。通常來說就是鎖
定標點符號之間的間距來調整，因為標點符號基本上就是半形字
元塞在全形字元的框架中，只是塞在左邊還是右邊的差別，當兩
個標點符號相鄰，而不巧他們的半形字元位置都在相反位置時，
呈現出來就會像是隔了一個全形字元的大小間隔。

　　調整時有最小、最佳、最大三個數值，通常我會將這三個數
值填一樣強迫兩個字元間的間距固定，最緊密的數值是 -50，這
可以保證兩個標點符號的間隔會變的很漂亮，但是因為使用的字
型不同，在調整時數值可能會有差異，所以還是要看情況做細微
調整，通常沒辦法做好一個文字間距組合集就套用在所有的書
上，細心的美編還是要看內文使用字型與段落樣式去做調整。

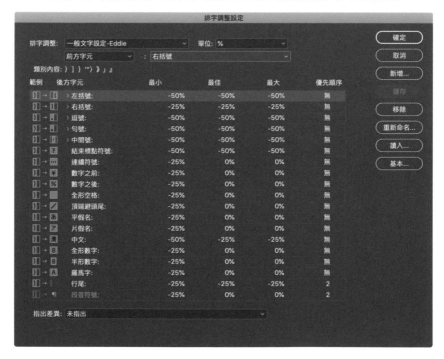

16 | 不斷行尾數的美麗與憂愁

　　對於一般的美編來說，可能不懂「不斷行尾數」是什麼東西。它其實就是中文排版常說的孤字不成行規則，亦即「結尾文字字數」的設定，可以說是一個 GREP 的小技巧，通常用於一般內文之類的文字，但是標題或是表格、圖說之類的文字，就不適合使用這種的設定。

　　簡單來說，「不斷行尾數」就是在「GREP 樣式」中，「至文字」欄位設定 .{3}$，然後指定一個不斷行的字元樣式。這樣子內文結尾就會強迫至少 3 個文字以上（包含結束標點符號），看喜好可以設定 4 個或 5 個等等，只要把數字 3 改成 4 或 5 等等。

　　這通常適合於多行文字採用的小技巧，讓文字內容不會出現所謂的「孤字成行」現象，但是如果用在標題或是圖說、表格內文字時，往往因為尾行限定字數的關係，導致尤其是兩行文字的第一行產生文字間距過寬的現象，這就有點矯枉過正，讓文字呈現很糟糕的情形。

　　另一個例外情形是，當內文所在的文字框寬度很小時，例如雜誌編排常用的多欄文字框設定，設定過多的不斷行尾數，就很容易導致末行文字數足夠多了，但是倒數第二行的文字間距因為要把文字延展到最後一行，而產生奇怪的寬間隔現象。

17 ┃關於設計作品的字體大小

　　設計界有一個普遍的認知──越小越美、越大越醜。畢竟我不是科班出身，所以我不清楚設計界是否真的有這種法則存在，但是從認識的設計朋友、或是設計物品上來看，字體做得越細小，就越感覺優雅、美麗、高貴，反之則擁腫、粗暴、俗氣。

不管字大字小，都有它適合的表現特性

　　既然如此，是否所有設計作品上的文字（其實也包含圖案，為便於敘述，以下用「圖文」來代稱這些所有的設計物件）都做的小小的，就是漂亮的作品？其實不然，圖文再小，也要考慮到辨識度，尤其是商品的目標客群。舉例來說，銷售的對象是文青、雅痞類型的高格調族群，圖文大小能不能辨識是一回事，重點在

於整體的設計感要高雅、留白多，就會比較貼合這些客群。相反地，如果是一般便當的特價宣傳，那就要做的又大又強烈，巴不得顧客眼裡只看的到價格文字或是料理圖片。

以書籍來說，如果是要放在誠品或其他門市的書籍，想走高格調，那麼就會把字體做的清秀娟細、富含意境，因為讀者會把書拿起來仔細端詳，書名大小就不是最重要的事情。但是如果你想要在網路書店搶奪顧客的眼睛，那麼書名就要像做便當特價標示那樣，就算很俗，字體不用娟細、顏色不用和諧，只要夠搶、夠刺激，那就是老闆想要的設計。

其實決定設計作品的圖文大小從來不是設計師，設計是為了解決問題而存在的，設計師能做的也只是在符合設計的原則下，設定最適合的字體大小，並且提供給雇主確認這樣的規則是否可行。台灣常見的問題是，設計作品很多是為了解決雇主「感覺」上的問題，有時候他覺得可以的規則，在下一次又是不可以的禁則，這很常見，也很無奈，除非當你成為雇主的朋友、或者獨霸一方的知名設計師，你才有主動權。

Ch03
關於標題的設計

　　標題的設計有很多種方式，有一種很常見的方式是用各種素材群組起來的標題，這種標題可能很華麗、很新穎、很漂亮，但是很麻煩！而且沒辦法直接輸出給電子書當標題。

　　除了特別情況外，我通常不會建議大家做這樣的標題設計，這一章會教大家如何利用段落樣式裡的設定，製作出不輸物件群組出來的複雜標題，可以自動化地依照條件出現在我們的頁首位置、或是避免出現在頁尾位置，並且還可以直接輸出電子書。

18 ▌標題前綴編號的層級重要性

　　這裡說的標題前綴編號，指的是第一章、1-1 節、1-1-1 這類在不同標題前面的「前綴編號」。這種編號通常比較多發生在工具類型的書上面，例如電腦、科普、教科書等等類型。這種編號看似正常沒什麼，其實卻含有幫助將文章內容的整體結構劃分好學習（或者閱讀）的層級。

因為我們看到這種第一章、第二章，很明顯地就會察覺這是不同章節的開始；看到 3-2，就會知道這是第三章的第 2 小節；又甚至看到 5-4-3，就知道目前的內容是第 5 章第 4 節的第 3 小節內容。這種直觀，會讓你知道目前的學習（閱讀）順序，相比較你在這些不同層級的標題製作大小、顏色、或字型不一的設計來的直覺與可靠。尤其，這類圖書如果原作者（或編輯）處理不當，經常會有更多的次要標題或項目編號等等的的樣式要處理，如果沒有這些前綴編號來區隔，你會在後續產生的各類小標題或編號項目樣式中，搞得暈頭轉向，不知該如何設計他們的層次表現。

NOTE. 題外話，英文圖書在大中小標的設定上常因為精簡的風格，也常常很容易分辨不出大中小標的階層差別。

所以，當你下次遇到作者或是原文書提供的稿件有這些標題前綴編號，記得不要自作主張地刪掉，把它保留下來，這樣你在設計其他的內容樣式時，會有更多的彈性與省掉不必要的麻煩。

19 ▎編號型的標題設計

　　前面提過「前綴編號」的標題，事實上也有一種編號型的標題，例如下面所示的幾種：

一、xxxxxx	（1）xxxxxx	1．xxxxxx
二、xxxxxx	（2）xxxxxx	2．xxxxxx
三、xxxxxx	（3）xxxxxx	3．xxxxxx

　　這種並非「前綴編號」特性的編號，通常只是用來排序而已，如果沒有確實的順序性需求，建議刪掉對文章的結構會比較好看。而且，在標題的設計上也會比較好看。

　　怎麼說呢？通常一般標題的設計不外乎文字大小粗細顏色的改變外，就是上下嵌線或是左右邊圖案的設計。當標題的左方用上一個色塊圖案的設計（有點像是項目符號）時，其後面接了一個像（1）這樣的編號文字時，就會感覺標題很破碎的樣子，比較下面的例子看看：

■（1）亮底求變法
■ 亮底求變法

　　這兩個標題的呈現外觀如何？如果標題上的序號是沒有必要的，那麼它在標題的設計上就是一個累贅，如果有其必要性，那麼在標題設計時，就要考慮到前方不要製作區塊圖案，才不會讓標題感覺很破碎。

20 ┃兩段式標題的設計方案

正常用來當標題的字數通常不會太多，但是就是會有那種字數比較多的標題，呈現出兩行甚至三行以上的結構。

一般來說可以忽視不理，例如就讓標題死硬的呈現：

第二節　　兩段式標題的文字大小分配與分段後的設計方案

可是如果可以做一些巧思，例如前面的例子把「第二節」後面的文字分段，在編排時變成兩行，就會變得比較好看：

第二節
兩段式標題的文字大小分配與分段後的設計方案

這種處理結構就叫做兩段式標題設計，這種設計的第一個關鍵點是一定要設定為「靠左」或「靠右」的文字對齊方式，因為需要用到強制分行，如果設定「齊行」的對齊方式就會變成很奇怪的標題對齊狀態。

第二個關鍵點是強制分行前面要有一個全形空格當作分隔點，不要使用定位點，因為如果你要讓這個標題顯示在頁眉的變數文字裡，定位點會變成無法控制的錯誤。

第三個關鍵點，就是第一行的標題——以這個例子來說就是「第二節」的文字要設定小一點，這樣在美感上會比較漂亮，不會頭重腳輕的感覺，另一個原因是，這段標題文字的重點是後面的標題，不是「第二節」這三個字。

第四個關鍵點是要透過「GREP 樣式」來指定第一行「第二節」的字元樣式，這樣可以讓整個標題自動化呈現不同層次的設計感。

最後，在輸出目錄時，「移除強制分行符號」選項可以讓你決定是否要把兩段式標題合併成一段文字。

目錄

目錄樣式：[預設]

標題：目錄　　　　　　　　　　　樣式：目錄標題

確定
取消
儲存樣式...
較少選項

目錄中的樣式
包含段落樣式：　　　　　　　　其他樣式：
h1-章標題　　　　　　　　　　　[無段落樣式]
h2-中標題　　　　　　　　　　　CIP-版權文字 (電子書)
h3-小標題　　　<< 增加　　　　cip卡
h4-小小標題　　 移除 >>　　　cip標題

樣式：h4-小小標題
項目樣式：目錄標-h4
頁碼：項目之後　　　　　　　樣式：[無]
項目與頁碼之間：^t　　　▶　樣式：[無]
☐ 依字母/假名/部首排列項目　　層級：4

選項
☑ 建立 PDF 書籤　　　　　　☐ 不分行
☑ 取代現有的目錄　　　　　　☐ 包含隱藏圖層上的文字
☐ 包含書冊文件
☑ 在來源段落中設定文字錨點
☑ 移除強制分行符號
編號段落：包含完整段落
框架方向：水平

以上就是兩段式標題設計的建議，當然還有三段式標題，通常用在章名的部分，也是類似的建構方式，但是在 GREP 樣式的設定上需要多花點心思。

三段式標題設計案例

21 ┃標題內縮要謹慎

標題文字到底要不要內縮這件事沒有所謂標準，很多時候標題文字會內縮，只是因為內文設定了內縮，而標題文字沿用了內文的樣式就內縮了。

就我的建議來看，主要的前二到三個標題樣式都不要內縮，當標題種類很多的時候，再去考慮要不要內縮，這樣可以讓層次變得比較豐富。

但是如果是編排分欄文字的內容，強烈建議標題就不要再做縮排，因為分欄文字的一個特性就是單行文字字數少，標題很容易就變成兩行以上的文字，兩行以上的標題通常是很不好看的樣式，尤其是那種第一行前面空兩個全形空格、第二行只留下前面兩三個文字的這種標題，想像一下這種很像俄羅斯方塊裡的一種方塊結構（▪），就覺得這種標題醜爆了，所以標題的內縮真的要謹慎，不要漫不經心地亂用。

開啟多行 (?m)

　　開啟多行字元 (?m) 較為少見。

關閉多行 (?-m)

　　關閉多行 (?-m) 的模式下，^ 與 $ 跟開啟多行模式下有點不同，分別代表一個文字框內所有文字的開頭與結尾。例如 (?m)^.{3} 可以搜尋出每一行的前三個文字，而 (?-m)^.{3} 只能搜尋出第一行的前三個文字，相當於使用 \A.{3}；(?m).{3}$ 可以搜尋出每一行的最後三個文字，而 (?-m).{3}$ 只能搜尋最後一行的三個文字，跟使用 .{3}\Z 的結果是一樣的。

開啟多行 (?m)

開啟多行字元 (?m) 較為少見。 ← 字數少的時候很不好看

關閉多行 (?-m)

關閉多行 (?-m) 的模式下，^ 與 $ 跟開啟多行模式下有點不同，分別代表一個文字框內所有文字的開頭與結尾。例如 (?m)^.{3} 可以搜尋出每一行的前三個文字，而 (?-m)^.{3} 只能搜尋出第一行的前三個文字，相當於使用 \A.{3}；(?m).{3}$ 可以搜尋出每一行的最後三個文字，而 (?-m).{3}$ 只能搜尋最後一行的三個文字，跟使用 .{3}\Z 的結果是一樣的。 ← 字數多的時候沒影響

22 ｜自動設定另起一頁的標題

　　我們在設定章名頁時，通常會設定在奇數頁或偶數頁，或者新的另一頁上，InDesign 有個很方便的功能可以讓章名頁上的標題（章名）自動出現在我們指定的頁面，我一直以為這是個很基礎的功能、大家都知道，但事實上我就碰過新來的美編或是外包的美編給的稿件上，用的不是自動的功能，而是用手動的方式一行一行地斷到另一頁的開頭，或者調整文字框的高度讓章名出現在下一頁。

　　這個簡單又方便的分頁功能，只要在「段落樣式選項」視窗中，切換到「保留選項」頁籤，選擇「開始段落」下拉選單中的「下一個奇數頁」、「下一個偶數頁」、「下一頁」就可以讓標題自動出現在想要的頁面上。

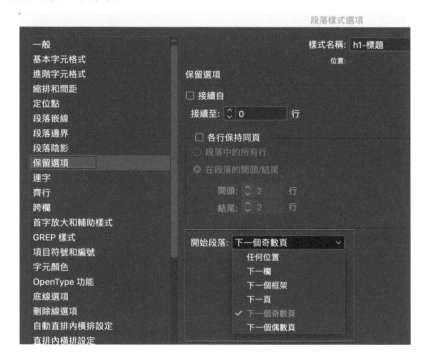

對於長文件的書籍編排來說，這是最基本的技巧，但為什麼會有美編不知道這個的用法也真是讓我蠻困惑的。此外，搭配自動換頁功能的，還有一個快速分頁的技巧，就是在文字後方位置按下右鍵，選擇「插入換行字元＞分頁符號」指令或是按下 cmd/Ctrl + 數件鍵盤的 Enter 鍵，就可以產生下一頁的分頁符號，用在章名之後的內文分頁很是很實用的功能！

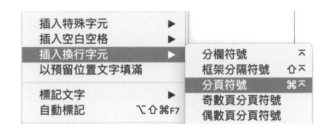

23 | 不讓標題出現在最後一行

　　一般好的書籍文件結構中，標題的下方應該接續一段內文後才會有另外一個子標題，而在頁面的呈現上，也是會希望標題出現在文字框的頂端或是跨頁頁面的左邊（橫排書）或右邊（直排書），這會讓讀者覺得在新的一頁上有重新開始的感覺。在這種原則下，最忌諱標題孤伶伶出現在頁面最下方，也就是文字框底部。

　　正常的編輯在校對時應該是不會容忍標題（不管是章名、節名或小節名等）出現在文字框中的最後一行，美編一般不專業的方法是按 Enter 或是調整文字框高度讓標題出現在下一頁，但是正確有效率的方法應該是在「段落樣式選項」視窗中，切換到「保留選項」頁籤，在「接續至」後方的輸入欄位輸入數值 1，這樣 InDesign 就會自動判斷標題的下方必定要有 1 行文字，也就是不會讓標題孤獨在文字框的最後一行上。

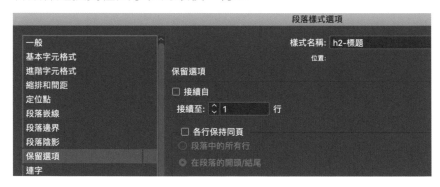

24 ▎徹底研究保留選項的自動化功能

　　我們在前兩篇的內容裡提到了「保留選項」的兩項功能，分別是讓標題出現在下一頁（或奇偶頁）與避免標題出現在最後一行的設定，在「保留選項」的設定中，還有其他很不錯的設定，可以幫助讀者在設定標題的位置上進行很大的改善，這裡就來解析一下這些功能設定。

用在標題的設定 ── 避末行

　　先前小節提過的常用功能，避免標題出現在最後一行，可以設定「接續至」後面的數字即可。

　　通常來說，設定 1 或 2 即可，數字不用設太大，太大的數字也會因為版面的總文字數而無效。

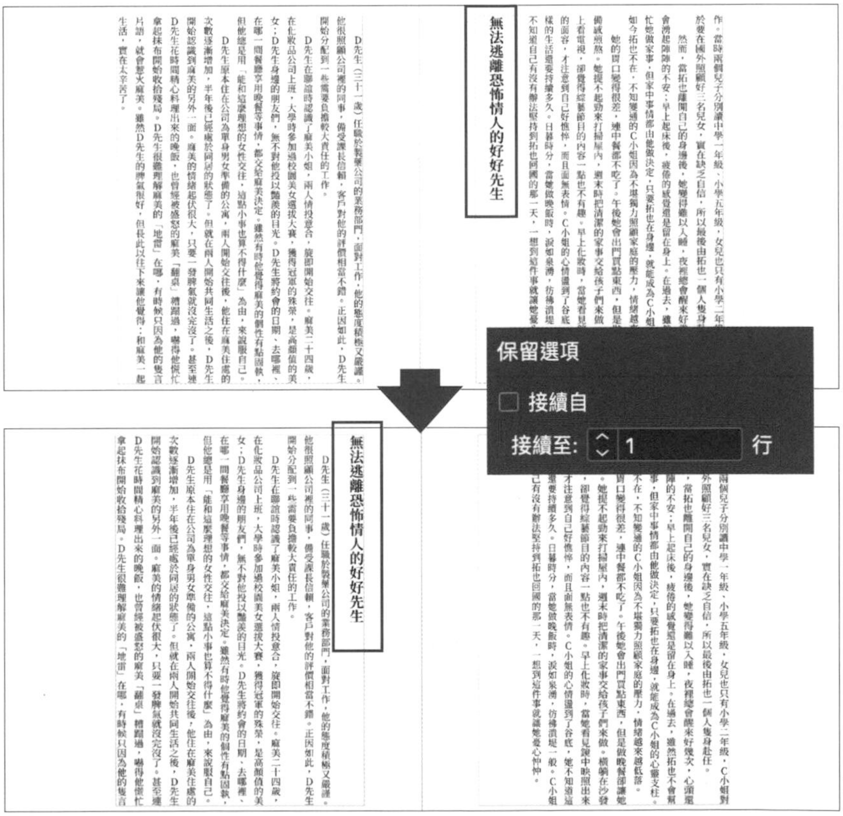

保留選項

☐ 接續自

接續至： ∧∨ 1 　　　行

用在署名的設定 ─── 避開頭

這個設定與避末行相反，就是需要至少有 X 行在前方，這時候需要勾選「接續自」並且輸入「接續至」的行數，這樣就可以讓該行文字前方要有幾行的文字，最常用在書信文字結尾的人名署名上。

> **NOTE**. 通常輸入的行數會因為該行前方的總文字數而受影響，因此不見得輸入 3 就會前方有 3 行的文字數。在保留選項的設定裡，受文字框裡的總文字數影響很大，因此同樣的設定在不同文件中也許會有不同的結果，設定時仍須視實際情況做選擇。

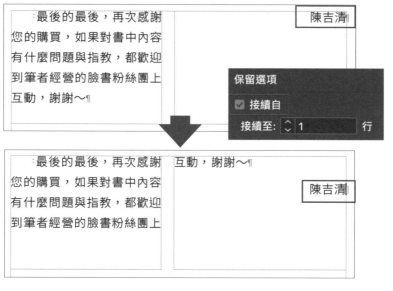

除了署名文字之外，接續在圖片下方的圖說文字也很適合，可以讓圖片與圖說文字不會分離。

用在兩行字以上的設定 —— 長標題或部分內文

保留選項中間有個「各行保持同頁」的設定，需要勾選後才能進行兩種設定，第一個常用的設定是「在段落的開頭／結尾」，這裡預設開頭與結尾都是各 2 行。

這是什麼意思呢？簡單說就是同一段落至少在文字開頭處要有 2 行以上、文字框結尾處也要有 2 行以上。舉一個例子，當你的標題文字數超過兩行，即便設定了避末行，結果會看到這個標題被攔腰砍成兩處，這時候設定這個開頭結尾都要 2 行，就會看

到砍半的標題聚攏在一起，這對於分欄文件又很多長標題來說是很方便的設定。

4-2 GREP樣式優化設定

雖然 GREP 搜尋的速度很快，但是在搜尋資料上用錯方式也會造成系統負擔，雖然不至於當機，但有可能讓 InDesign 的操作上變慢，所以下面來看看幾個應該要避免的 GREP 樣式的撰寫方式。

4-2-1 避免使用「零或更多次」

儘可能地利用「一或更多次」+ 來取代「零或更多次」*，例如當我們搜尋 \d* 會搜尋有包含或無包含數字的文字，其實相當於搜尋全部，但是如果換成 \d+ 就會只限定於搜尋含有數字的文字內容，相當程度地減少搜尋的次數。

4-2-2 重複文字儘量從兩個

以上開始

當你確定要搜尋的文字至少兩個以上時，盡量就從兩個以上的描述開始，例如用 \d\d+ 就會將條件設定為至少兩個字以上的數字，會比 \d+ 的搜尋範圍更精確、減少浪費的搜尋次數。

4-2-3 儘可能使用反相重複應用取代最短相符項目

在 2-3-5 提到過用反相重複應用 "[^ "]+" 來取代最短相符項目 ".+?" 的用法，這種方法用在 GREP 樣式中也是比較推薦，可以比較節省系統資源。

4-2-4 儘可能指定位置

在 GREP 樣式中指定位置所在，例如使用 ^\$\b\A\z 這些位置標記可以讓搜尋次

4-2 GREP樣式優化設定

雖然 GREP 搜尋的速度很快，但是在搜尋資料上用錯方式也會造成系統負擔，雖然不至於當機，但有可能讓 InDesign 的操作上變慢，所以下面來看看幾個應該要避免的 GREP 樣式的撰寫方式。

4-2-1 避免使用「零或更多次」

儘可能地利用「一或更多次」+ 來取代「零或更多次」*，例如當我們搜尋 \d* 會搜尋有包含或無包含數字的文字，其實相當於搜尋全部，但是如果換成 \d+ 就會只限定於搜尋含有數字的文字內容，相當程度地減少搜尋的次數。

4-2-2 重複文字儘量從兩個以上開始

當你確定要搜尋的文字至少兩個以上時，盡量就從兩個以上的描述開始，例如用 \d\d+ 就會將條件設定為至少兩個字以上的數字，會比 \d+ 的搜尋範圍更精確、減少浪費的搜尋次數。

4-2-3 儘可能使用反相重複應用取代最短相符項目

在 2-3-5 提到過用反相重複應用 "[^ "]+" 來取代最短相符項目 ".+?" 的用法，這種方法用在 GREP 樣式中也是比較推薦，可以比較節省系統資源。

4-2-4 儘可能指定位置

在 GREP 樣式中指定位置所在，例如使用 ^\$\b\A\z

被攔腰砍半的標題　　　　　　　　　　　　恢復正常的標題

另外一種情形是用在部分的內文設定，希望不要開頭或是結尾只有一行不太好看的樣子，就可以設定開頭或結尾的行數，例如有些說明文字只有兩行，卻剛好被左右頁腰斬，就可以用這樣的方式讓說明文字變得集中與好看些。

在不同文字框裡被
分段的文字

利用在段落
的開頭 / 結
尾功能，將
文字集中在
一個文字框
中

用在特定文字上

「各行保持同頁」的另一項設定是「段落中的所有行」，這是
指被設定的每一段落文字要保留在同一個文字框中，這可以讓文
字每一段都很漂亮地出現在文字框開頭處，用在一些詩品散文之
類的編排還不錯，但是會有個問題產生，就是段落文字字數太多
時，可能內文頁面看起來就會下方（橫排書）或左方（直排書）經

常有很大的空白區域。

參考文獻

[1] 範明, 範宏建 · 資料探勘導論 [M]. 北京：人民郵電出版社 ,2011 ·

[2] 範明 · 資料探勘概念與技術 [M]. 北京：機械工業出版社 ,2012 ·

[3] 邵峰晶 , 於忠清 · 資料探勘原理與演算法 [M]. 北京：中國水利水電出版社 ,2003 ·

[4] 劉明吉 , 王秀峰 · 資料探勘中的資料前處理 [J]. 電腦科學 ,2000, 27(4)：54-57 ·

[5] M. R. Anderberg. Cluster Analysis for Applications[M]. Academic Press, New York, December 1973.

[6] I. Boeg and P. Groenen. Modern Multidimensional Scaling[J]. Theory

and Applications. Springer Verlag, February 1997.

[7] Azoff E M. Neural Network Ttime Series Forecasting of Financial Markets. John Wiley & Sons,Inc., 1994.

[8] Crawley M J. Statistical Computing：An introduction to Data Analysis Using. 2002.

[9] Muthén L K, Muthén B O. Mplus：Statistical Analysis with Latent Variables： User's Guide[M].Los Angeles： Muthén & Muthén, 2005.

[10] Tanasa D, Trousse B. Advanced Data Preprocessing for Intersites Web Usage Mining. IEEE Intelligent Systems, 2004, 19(2)： 59-65.

被切開的段落

參考文獻

保留了完整的段落

[1] 範明, 範宏建 · 資料探勘導論 [M]. 北京：人民郵電出版社 ,2011 ·

[2] 範明 · 資料探勘概念與技術 [M]. 北京：機械工業出版社 ,2012 ·

[3] 邵峰晶 , 於忠清 · 資料探勘原理與演算法 [M]. 北京：中國水利水電出版社 ,2003 ·

[4] 劉明吉 , 王秀峰 · 資料探勘中的資料前處理 [J]. 電腦科學 ,2000, 27(4)：54-57 ·

[5] M. R. Anderberg. Cluster Analysis for Applications[M]. Academic Press, New York, December 1973.

但是會產生多餘的空白區域

[6] I. Boeg and P. Groenen. Modern Multidimensional Scaling[J]. Theory and Applications. Springer Verlag, February 1997.

[7] Azoff E M. Neural Network Ttime Series Forecasting of Financial Markets. John Wiley & Sons,Inc., 1994.

[8] Crawley M J. Statistical Computing：An introduction to Data Analysis Using. 2002.

[9] Muthén L K, Muthén B O. Mplus：Statistical Analysis with Latent Variables： User's Guide[M].Los Angeles： Muthén & Muthén, 2005.

[10] Tanasa D, Trousse B. Advanced Data Preprocessing for Intersites Web Usage Mining. IEEE Intelligent Systems, 2004, 19(2)： 59-65.

如果整本書看起來都是這樣有很多空白區域，會讓人覺得編排產生了錯誤的感覺，所以使用上要小心一點。

用在另起一頁的標題

　　這個設定前面有提過，就是在「開始段落」那邊的下拉選單中，可以依照需求指定下一欄、下一個框架、下一頁、下一個奇數頁、下一個偶數頁，這些名稱都很直白容易理解，這裡就不再說明。

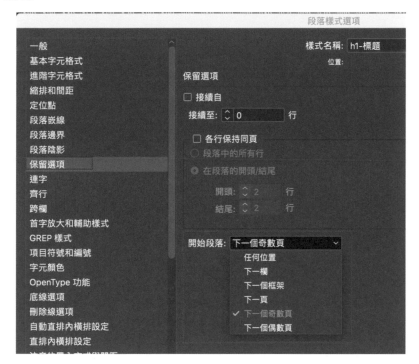

Ch03　關於標題的設計

CH04
細緻的內文調整

在第二章與第三章我們教導大家認識了內文與標題設計的基礎觀念與必要技能，在這一章將針對內文編排提出更為進階的修改技巧，這些內容是我這幾年累積好幾百本書的編排經驗中觀察出來的，有的是我自己遇到的、有的是同事提出的、或是從別的編排文件上看到的問題，經過我查詢與摸索想出了這些解決方案，相信可以讓你們的編排工作可以更有效率、也可以讓編排效果更為好看。

25 │解決直排中文橫排的問題

有時候在編排直排文字時，會碰到橫著直排的文字現象，如右圖所示。

這個問題通常是因為視覺調整的問題，我們可以在「段落樣式選項」視窗中，選擇左邊的「齊行」頁籤，通常會看到右邊的「視覺調整」被設定為「Adobe 全球適用單行視覺調整」。

俄羅斯烏克蘭2月24日開戰，戰事迄今未歇。美國國防部今天宣布，將對烏克蘭新增價值7.75億美元國防軍備和彈藥援助，包括高機動性多管火箭系統（Himars，簡稱海馬士）飛彈、火砲和地雷清除系統等。

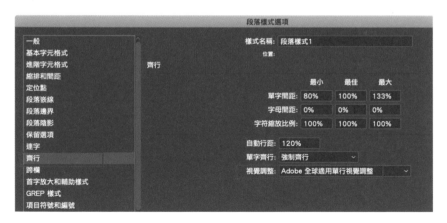

這個選項是以一般西方文字的編排習慣來調整，所以就會看到橫著排的中文字現象。在這裡我們只要選擇另外兩項：「Adobe CJK 單行視覺調整」或「Adobe CJK 段落視覺調整」，CJK 表示中國、日本、韓國，亦即亞洲中文編排習慣，這樣子就會恢復正常的中文直排樣子了。

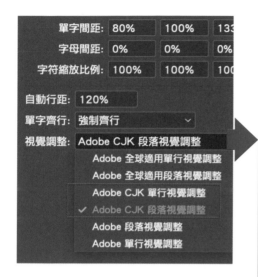

俄羅斯烏克蘭 2 月 24 日開戰，戰事迄今未歇。美國國防部今天宣布，將對烏克蘭新增價值 7.75 億美元國防軍備和彈藥援助，包括高機動性多管火箭系統（Himars，簡稱海馬士）飛彈、

奇妙的彩蛋：

你知道嗎？這本書的書名副標為什麼要用〈鬼才學排版〉？其實是因為 2021 年〈玻璃心〉的關係認識了黃明志這樣的鬼才歌手，那時發現他的專輯叫做〈鬼才學音樂〉，我覺得這個專輯名稱太酷了，所以就拿來借鑒、致敬了！

26 ┃快速清除段落的優先選項

我們常常會在段落樣式或字元樣式的旁邊看到一個加號的小圖示，這個加號表示「優先選項」，也就是在這個段落樣式（或字元樣式）裡的文字添加了不同的屬性設定，例如最常見的字距調整、顏色變化、字型更改或重新編號等等。

尤其當你是從 Word 裡匯入的文字，幾乎都會有這種「優先選項」的圖示產生，如果對你的編排沒產生問題可以忽視它，但如果你是比較嚴謹想掌握所有內文都沒有例外情況時（電子書製作時就強烈建議清除掉除了重新編號產生的優先選項），就應該考慮清除掉優先選項。

清除的方法一般是按下段落樣式下方的 ¶ 圖示，但是滑鼠點一下文字再點一下這個圖示又很慢，有個快速的方式就是在「鍵盤快速鍵」視窗（「編輯＞鍵盤快速鍵」）裡找出「產品區域：文字和表格」，從下方選項裡選擇「清除所有優先選項」，然後新增一個喜歡的快速鍵組合。

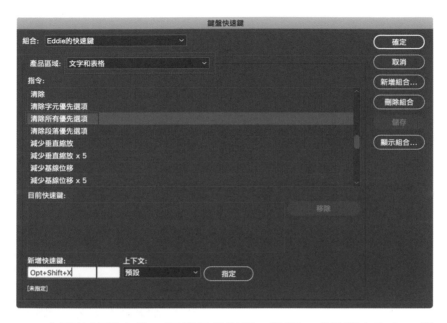

　　有了快速鍵之後，不管是針對單一段落、或是整本內文，都可以很快速地清除掉優先選項了。

　　清除優先選項的好處，剛好有一個例子可以做為示範。

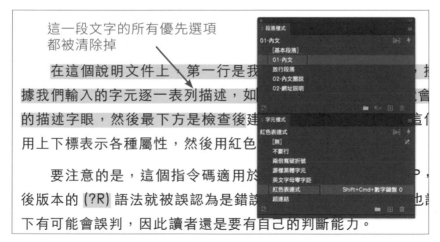

這一段文字的所有優先選項
都被清除掉

　　在這個說明文件上，第一行是我▬▬▬▬▬▬，根據我們輸入的字元逐一表列描述，如▬▬▬▬▬▬會▬的描述字眼，然後最下方是檢查後建▬▬▬▬▬這個用上下標表示各種屬性，然後用紅色▬▬▬▬▬

　　要注意的是，這個指令碼適用於▬▬▬▬▬P，後版本的 (?R) 語法就被誤認為是錯誤▬▬▬▬也可下有可能會誤判，因此讀者還是要有自己的判斷能力。

　　有時候會遇到一些很特別的情形，例如作者使用了比較奇特的字型導致匯入到 InDesign 的文字看起來很恐怖，像下圖這樣全部擠在一起。

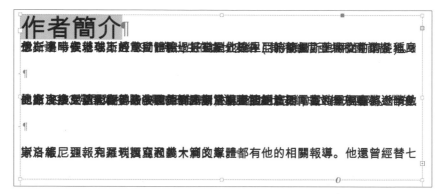

　　這時候就該清除優先選項功能登場啦，把有問題的文字選取起來，取消優先選項（可以設定快速鍵讓作業更快）。

　　正常來說，這些恐怖的亂碼就會恢復原樣。

　　有時候清除優先選項會發現文字變成方框的亂碼，那是因為剛好變為英文字型的關係。

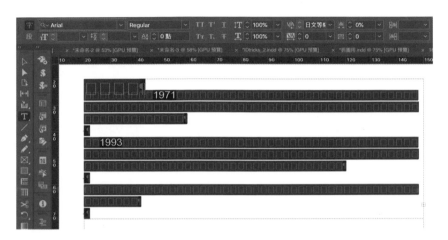

只要把字型改成中文字型，內文就顯示正常了，接下來就可以去各個段落樣式中進行修改。

NOTE. 以 Word 置入的文字錯誤中，還有一種超討厭的情形是註腳文字全部都有優先選項的問題，這時候如果沒有設定快速鍵去取消優先選項，那麼你就會花費超多時間去修改，而且註腳文字又不像一般內文可以一次全部選取取消優先選項，也沒辦法用 GREP 尋找去修正，只能一個一個修改，我就曾經修改過一本書九百多個註腳，我都已經用快速鍵去修改了，還是覺得超級想哭的。

27 ┃清除優先選項的超級神器

前面我們提到用快速鍵的方式來加快取消優先選項的問題，但是有時候我們會遇到大量優先選項的內容，尤其置入 Word 產生全文優先選項更是家常便飯！如果只是一般內文的話，把所有內文全部選取一次取消就 OK 了，但是我曾遇過最頭疼的狀況——九百多個註腳全部有優先選項，註腳文字沒辦法像內文一般可以全部選取，所以我一開始用快速鍵的方式一個一個去取消優先選項，那真的是超絕望的過程⋯⋯

InDesign CC 不知從哪一版本開始，「指令碼」面板上就有了「應用程式」、「社群」與「使用者」三個目錄，「使用者」目錄通常是放我們自己找尋來的指令碼，在「社群」目錄裡會有 Adobe 提供的一些預設指令碼，而清除優先選項的超級神器「ClearStyleOverrides.jsx」就在「社群」的目錄裡。

下面範例是一個有九百多個註腳的文件，每個註腳都有優先選項問題（這裡的優先選項問題是藍色字），一般情形想要把這些優先選項清除，需要花很多時間。

發射粉狀砲彈示意，船隻必須停下來檢查，如有走私將會被扣押。在發射一發砲彈不停下來的情況之下，就會繼續發射第二發，但發射砲彈的

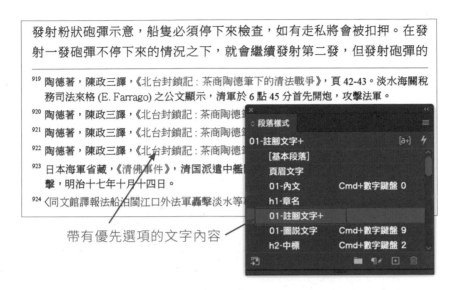

919 陶德著，陳政三譯，《北台封鎖記：茶商陶德筆下的清法戰爭》，頁 42-43。淡水海關稅務司法來格 (E. Farrago) 之公文顯示，清軍於 6 點 45 分首先開炮，攻擊法軍。

920 陶德著，陳政三譯，《北台封鎖記：茶商陶德

921 陶德著，陳政三譯，《北台封鎖記：茶商陶德

922 陶德著，陳政三譯，《北台封鎖記：茶商陶德

923 日本海軍省藏，《清佛事件》，清国派遣中艦擊，明治十七年十月十四日。

924 〈同文館譯報法船泊閩江口外法軍轟擊淡水等

帶有優先選項的文字內容

但是沒關係，這時候我們雙擊「ClearStyleOverrides.jsx」指令碼，會產生一個「Clear style overrides」的視窗。

從視窗中可以看到它可以清除段落樣式、字元樣式、表格樣式、物件樣式裡的優先選項。這裡我們就從「Process paragraph style」選擇我們要清除優先選項的段落樣式（這裡示範的是「01-註腳文字」）。確認後按下「clear overrides」按鈕，等待一段時間後，就會看到原先有藍色字的優先選項註腳文字，就全都被清除乾淨了！

告他們。如船隻繼續航行，才會發射第二發將船隻擊沉。[925]

　　法軍登陸滬尾失敗之後，繼續封鎖北台灣，淡水外海一帶任何船隻

[920] 陶德著，陳政三譯，《北台封鎖記：茶商陶德筆下的清法戰爭》，頁 62。

[921] 陶德著，陳政三譯，《北台封鎖記：茶商陶德筆下的清法戰爭》，頁 48。

[922] 陶德著，陳政三譯，《北台封鎖記：茶商陶德筆下的清法戰爭》，頁 45-48。

[923] 日本海軍省藏，《清佛事件》，清国派遣中艦隊司令官海軍少將松村淳藏電報，淡水攻擊，明治十七年十月十四日。

[924] 〈同文館譯報法船泊閩江口外法軍轟擊淡水等事〉《法軍侵臺檔》，頁 193。

[925] 季茉莉譯註，《北圻回憶錄：清法戰爭與福爾摩沙》，頁 115。

因為是清除整份文件，所以註腳文字有些被往上拉走

NOTE. 提醒一下！這個功能非常強大，所以在使用前，建議一定要先確認好段落裡的優先選項都是不需要的！

28 │中文字句遇上希伯來文的編排修改

當中文字句裡需要夾雜希伯來文時，很容易把希伯來文的順序弄顛倒，這是因為在橫排時，希伯來文的文字編排順序是由右到左，而中文是左到右。

聖經（希伯來語：היליבב；拉丁語：Biblia；英語：Bible，原意「書」）是猶太教與基督教（包括新教、天主教、東正教）重要的經典。猶太教的聖經只有《塔納赫》（被基督教稱為舊約）。基督教的聖經是包含舊約與承接的新約兩部。

如果是照一般的中文編排就會把希伯來文的順序弄倒，因此如果要避免這樣的情形，就要在段落樣式中選擇「Adobe 全球適用單行視覺調整」或「Adobe 全球適用段落視覺調整」，只不過這樣的調整方式有可能帶給整本書的段落視覺很大的變化，到時需要統一規劃整理。

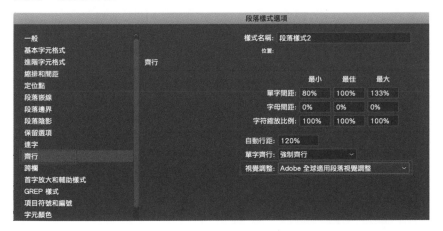

聖經（希伯來語：ביבליה；拉丁語：Biblia ；英語：Bible，原意「書」）是猶太教與基督教（包括新教、天主教、東正教）重要的經典。猶太教的聖經只有《塔納赫》（被基督教稱為舊約）。基督教的聖經是包含舊約與承接的新約兩部。

NOTE. Adobe 的線上說明有提到可以用字元樣式來做修改，這樣的方式確實比較不會影響到整本書的內文編排，但是我卻找不到字元樣式裡有這個功能，也許在新版本會把這種 Bug 解決吧！

奇妙的彩蛋：

你知道嗎？這本書總計 8 萬 6 千多字，段落樣式 36 個、字元樣式 21 個、18 個主板、20 個色票、31 個交互參照、11 個對外超連結、534 張圖片、48 個 NOTE 說明、101 個單元內容。

29 | 快速修改段落首字左括弧字元的文字間距

　　左括弧字元（例如：（『「〖〔［｛《〈因為中文字型等寬設計的關係，在遇到出現於段首位置時，總會有多餘的半形寬度空白，要去除這種空白可以在「排字調整設定」（InDesign CC2020版本以前稱作「文字間距設定」）進行調整。但是如果你不想做全面性的調整，只是想針對左括弧字元的間距現象做調整，也是可以有個快速的方法。

是非成敗轉頭空，青山依舊在……¶
『幾度夕陽紅。¶
「幾度夕陽紅。¶
〖滾滾長江東逝水……¶
〔長江東逝水……¶
［白髮漁樵江渚上……¶
｛一壺濁酒喜相逢……¶
《天生我材必有用》¶
〈床前明月光〉#

這些左括弧字元在字型設計時，會在左邊留有明顯的半形空格空間

　　這個方法是先建立一個字元樣式，在「字元樣式選項」視窗中調整「進階字元格式」裡的「比例空間」為100%，然後「字元後空格」設定為「八分格」或「1/4 全行空格」（依實際段落樣式呈現的樣子判斷）。

然後在「段落樣式選項」視窗中，選擇「GREP 樣式」頁籤，「至文字」欄位輸入下面 GREP 描述式：

```
^[ （『「〔〔〔{《〈]
```

「套用樣式」則選擇剛剛建立的字元樣式。

GREP 描述式中的 ^ 表示段首的位置，左右中括弧 [] 表示集合，亦即在中括弧裡的字元，出現在段首的位置就要套用我們指定的字元樣式。所以我們剛剛的範例就會出現右圖，左括弧貼齊文字邊界的情形。

> **NOTE**. 如果描述式中沒有加入段首位置 ^，那麼有可能產生內文裡的左括弧會與左邊的字元靠得太近的瑕疵問題。

〔是非成敗轉頭空，青山依
『幾度夕陽紅。¶
「幾度夕陽紅。¶
〔滾滾長江東逝水……¶
〔長江東逝水……¶
[白髮漁樵江渚上……¶
{一壺濁酒喜相逢……¶
《天生我材必有用》¶
〈床前明月光〉#

30 │請好好使用編號與項目樣式

　　編號與項目用在條列說明事項時，具有專業、精細與層次分明的好處，在很多的文章裡經常會用到，但也有很多的編輯在處理編號或項目時，並沒有善用 InDesign 提供的「項目符號和編號」功能。

　　很大的原因是作者給的稿子上就沒有用到相關的樣式設定，直接在每一個項目前面加上了序數編號或項目符號，而一旦內文中這樣的編號或項目符號一多，要逐一去設定為項目或編號樣式又需要花很多時間，像是要把這些多出來的字元刪掉、重新指定段落樣式、還要每一組重新設定編號順序，雖然弄個 GREP 就可以搞定，但是一般美編不太懂 GREP 這玩意，所以很可能就會劍走偏鋒搞個「假編號或項目」的樣式。

　　這種假邊號樣式遇到雙位數的編號時，就會很慘，因為第二行後的內縮距離完全不對；還有就是內文遇到不規則字數時（中文夾雜著英文或數字），因為齊行的關係，導致每一個編號或項目樣式的第二行、第三行、……很多行的縮排距離都不太一樣，不龜毛一點可能還看不出來，但是一旦看出來了，心裡就矮油了！

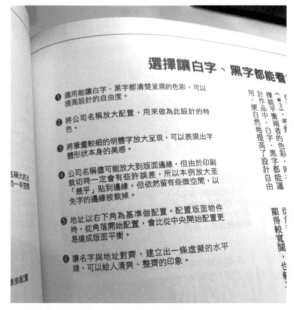

好的編號編排，讓人覺得專業又舒服 /
資料來源：旗標出版《設計の教室》

31 ┃條件式前置粗體字編號或項目樣式設計

　　有時候我們會遇到一種設計需求：單純的編號（或項目）樣式以及另外一種需要在冒號前面的內容加粗的編號（或項目）樣式並存，甚至在編號（或項目）樣式裡的內容混雜有需要加粗跟不需要加粗的情形。

3. **弱鹼性水**：pH 值最好是 7.0 ～ 8.0，以維持身體的酸鹼平衡。¶

4. **小分子團水**：用核磁共振法來測試，水分子團半幅寬應小於 100 赫茲；如果共振幅很寬，說明這個水中水分子不易通過細胞膜被人體吸收。¶

5. **保持一定硬度的硬水**：水中的各種離子構成水的硬度，硬水含鈣量高。硬水阻止有害成分，比如鉛、鎘、氯、氟等發揮有害作用。研究表示，長壽與經常喝硬水有關。硬水與軟水的區分一般以總硬度 75mg/1（以碳酸鈣計）左右為界，介於 30 ～ 200 之間。¶

6. 水中溶解氧及二氧化碳適中，水中溶解氧不低於每公升 7 毫克。¶

7. **活水**：即水的營養生理功能沒有退化的水。水的功能包括溶解力、滲透力、擴散力、代謝力、乳化力和洗淨力。¶

　　上圖就是一個很明顯的例子，在編號 6 的內容裡不需要加粗，但是在其他編號處，冒號前的文字需要加粗。

　　一般我們可能會做兩種編號樣式來實現、或者只做一種樣式，在部分字元上手動增加粗體字的字元樣式來實現。但是有一個方式是用 GREP 讓他來幫我們判斷是否要加粗。

其實很簡單，就是輸入如下描述式：

```
^.+?(?=：)
```

這句話的意思就是在段首的位置 ^，任意文字最短符合選項 .+?，其右邊的判斷條件是冒號 (?=：)。

因此符合第一個冒號前面的文字，都會被指定為「粗體字」的字元樣式。如果沒有用最短符合選項 +?，如果內文出現第二個冒號時，那麼粗體字範圍就會延伸到第二個（最後一個）冒號前。

32 ┃直排書的編號設定

　　編號是個很常見的段落樣式內容，在橫排書裡編號看起來不太有問題，但是在直排書裡出現編號，老實說我覺得那不是一件好事情。

　　在 InDesign 裡大家都很熟悉預設的編號是 1. xxxx 的模式，但是這種模式在直排書裡不會自動轉正，如下圖所示：

　　為了轉正這個編號，通常會在編號樣式那邊的「字元樣式」指定一個轉 90 度的字元樣式。

神奇的是，原本半形的編號就變成全形編號，超過兩位數以上的編號產生字元寬度就會變成兩個，在編排上就會產生很大的空白落差。

如果你的數字範圍在 20 以內，解決方式之一是改成另外一種預設編號：圓形編號，而且剛剛轉 90 度的字元要保留。

雖然這樣看起來編號後的文字縮排都一致了，但是超過 20 以上的編號卻是歪的；反之，如果你沒設定字元 90 度旋轉的話，前 20 編號是歪的，21 之後的編號是正的。這是 InDesign 很奇怪的一個 Bug ？

①段落樣式的重要性
②字元樣式的重要性
③從內文開始構築正確的編排方式
④正確使用文字框
⑤文字靠左與靠左齊行的選擇
⑥排版前一定要先弄好文字間距
⑦不斷行尾數的美麗與憂愁
⑧關於設計作品的字體大小
⑨標題前綴編號的層級重要性
⑩編號型的標題設計
⑪兩段式標題的設計方案
⑫標題內縮要謹慎
⑬自動設定另起一頁的標題
⑭不讓標題出現在最後一行
⑮徹底研究保留選項的自動化功能
⑯解決直排中文橫排的問題
⑰快速清除段落的優先選項
⑱中文字句遇上希伯來文的編排修改
⑲快速修改段落首字左括弧字元的文字間距
⑳請好好使用編號與項目樣式
㉑條件式前置粗體字編號或項目樣式設計
㉒直排書的編號設定

另一個解決方式是用另外兩種預設編號：一、二、三或是壹、貳、參這樣的中文編號方式，但是它在編排對齊上就會有很奇怪的現象，老實說真的很醜，如果中文直排書無論如何都想要用編號樣式的話，真心建議在 10 以內。

一、段落樣式的重要性
二、字元樣式的重要性
三、從內文開始構築正確的編排方式
四、正確使用文字框
五、文字靠左與靠左齊行的選擇
六、排版前一定要先弄好文字間距
七、不斷行尾數的美麗與憂愁
八、關於設計作品的字體大小
九、標題前綴編號的層級重要性
〇、編號型的標題設計
一一、兩段式標題的設計方案
一二、標題內縮要謹慎
一三、自動設定另起一頁的標題
一四、不讓標題出現在最後一行
一五、徹底研究保留選項的自動化功能
一六、解決直排中文橫排的問題
一七、快速清除段落的優先選項
一八、中文字句遇上希伯來文的編排
一九、快速修改段落首字左括弧字元
二〇、請好好使用編號與項目樣式
二一、條件式前置粗體字編號或項目
二三、直排書的編號設定

壹. 段落樣式的重要性
貳. 字元樣式的重要性
參. 從內文開始構築正確的編排方式
肆. 正確使用文字框
伍. 文字靠左與靠左齊行的選擇
陸. 排版前一定要先弄好文字間距
柒. 不斷行尾數的美麗與憂愁
捌. 關於設計作品的字體大小
玖. 標題前綴編號的層級重要性
壹拾. 編號型的標題設計
壹拾壹. 兩段式標題的設計方案
壹拾貳. 標題內縮要謹慎
壹拾參. 自動設定另起一頁的標題
壹拾肆. 不讓標題出現在最後一行
壹拾伍. 徹底研究保留選項的自動化功能
壹拾陸. 解決直排中文橫排的問題
壹拾柒. 快速清除段落的優先選項
壹拾捌. 中文字句遇上希伯來文的編排修改
壹拾玖. 快速修改段落首字左括弧字元的文
貳拾. 字間距
貳拾壹. 請好好使用編號與項目樣式
貳拾壹. 條件式前置粗體字編號或項目樣

如果想要呈現一般的 1. 2. 3. 數字在編號上，而且編號在 20 以上，你可以用一種假編號的方式，將原來的文字取消掉編號樣式，自行填寫編號數字並用定位點區隔（原來的小點拿掉，因為改直排後它的位置顯示會很醜）。

1» 段落樣式的重要性
2» 字元樣式的重要性
3» 從內文開始構築正確的編排方式
4» 正確使用文字框
5» 文字靠左與靠左齊行的選擇
6» 排版前一定要先弄好文字間距
7» 不斷行尾數的美麗與憂愁
8» 關於設計作品的字體大小
9» 標題前綴編號的層級重要性
10» 編號型的標題設計
11» 兩段式標題的設計方案
12» 標題內縮要謹慎
13» 自動設定另起一頁的標題
14» 不讓標題出現在最後一行
15» 徹底研究保留選項的自動化功能
16» 解決直排中文橫排的問題
17» 快速清除段落的優先選項
18» 中文字句遇上希伯來文的編排修改
19» 快速修改段落首字左括弧字元的文字間距
20» 請好好使用編號與項目樣式設計
21» 條件式前置粗體字編號或項目樣式設計
22» 直排書的編號設定

接下來建立一個「直排內橫排」的字元樣式，不是用之前的

旋轉 90 度的字元樣式。

再透過 GREP 樣式來指定開頭的數字為「直排內橫排」，輸入以下描述式，這樣就可以呈現出編號 1~99 之間很漂亮的阿拉伯數字編號樣式。

```
^\d+(?=\t)
```

33 ┃讓編號文字可以隔段自動重新編號

　　有時候我們會遇到內文出現很多編號文字夾雜出現，如果是少數幾個隔段編號文字還好，但是若一本書有上百個隔段編號文字，因為 InDesign 的編排邏輯是下一段的內容通常會跟著上一段的編號延續下去，但是實際上下一段編號文字是要重新編號的，這時候就需要很麻煩地在第一段文字按右鍵選擇選擇「重新開始編號」，當你需要弄上百次這個動作時（這個動作還不能設定快速鍵），我想你就會眼神死……。

　　下頁圖是一個公家條文的範例，也是有幾十個編號要處理。但是我們可以用下面的方法來讓編號自動隔段編號。

　　首先，我們要針對內文的主體——一般內文的樣式進行改變，在段落樣式中選擇「項目符號與編號」頁籤，設定「清單類型：編號」，然後新增一個「清單1」的清單，「層級」要設定為1，最重要的是把「編號」欄位裡的文字清空，這樣才不會產生我們要的編號數字，最後設定「混合模式：開始處」。

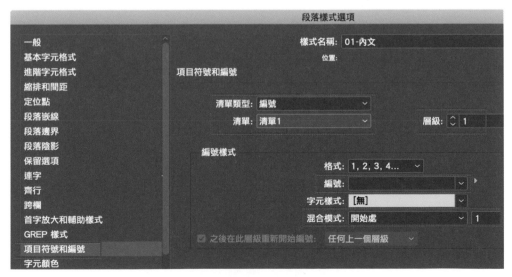

一、　政府及其所屬機關

一般的內文字

　　本法第 79 條規定：「審計機關對於公私合營之事業，及受公款補助之私人團體應行審計事務，得參照本法之規定執行之。」本法施行細則第 77 條規定：「審計機關對於公私合營事業，……其政府資本額在百分之五十以下者，及受公款補助之私人團體，應行審計事務，得參照本法規定，另訂審核辦法。」審計部依據本法第 79 條及本法施行細則第 77 條規定，訂有審計機關審核公私合營事業辦法，該辦法第 2 條規定，公私合營事業適用範圍包括：

1. 政府與人民合資經營，政府資本未超過百分之五十者。
2. 公有營事業機關及各基金轉投資於其他事業，其轉投資之資本額未超過該事業資本百分之五十者。　第一個編號的編號文字
3. 公有營事業機關及各基金接受政府委託代管公庫對國外合作事業及國內民營事業直接投資，政府資本未超過該合資事業百分之五十者。
4. 政府及其所屬機關或基金投資國際金融機構或與國外合作而投資於其公私企業者。

　　另審計部為加強審核各機關及附屬單位預算營業或非營業特種基金對民間團體及個人補（捐）助案件經費，特訂定「審計機關審核各機關對民間團體及個人補（捐）助預算執行情形注意事項」，審計機關審核受公款補（捐）助之民間團體及個人案件，除法令另有規定外，悉依該注意事項辦理。

一般的內文字

　　政府及其所屬機關，探討如下：

1. 機關：中央行政機關組織基準法第 3 條第 1 款規定：「機關：就法定事務，有決定並表示國家意思於外部，而依組織法律或命令設立，行使公權力之組織。」行政院 69 年 7 月 17 日台 69 規字第 8247 號函規定，機關必須具備「獨立編制」、「獨立預算」、「依法設置」及「對外行文」等 4 項認定標準，爰「機關」於法令上採較嚴格之要件及規範。　隔段重新編號的編號文字
2. 機構：中央行政機關組織基準法第 3 條第 3 款規定：「機構：機關依組織法規將其部分權限及職掌劃出，以達成其設定目的之組織。」第 16 條規定：「機關於其組織法規規定之權限、職掌範圍內，得設附屬之實（試）驗、檢驗、研究、文教、醫療、社福、矯正、收容、訓練等機構。」而「機構」一詞，廣泛運用在

　　這樣設定好的內文樣式只是套上一個空的編號樣式，並不會影響內文字的顯示。接著我們對第一層編號文字進行設定，設定「清單類型：編號」，選擇同樣的「清單：清單 1」選項，「層級」要設定為 2，下方的「編號樣式」就恢復正常的設定，如下圖所示。

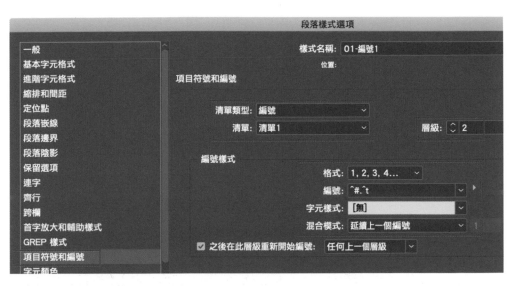

完成這樣的設定後，以往隔段編號文字第一行都會因為設定過「重新開始編號」而有優先選項的圖示，但是現在因為是自動編號處理，所我們可以看到在段落樣式面板中沒有出現「優先選項」的圖示。

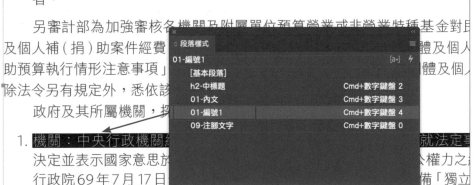

2. 公有營事業機關及各基金轉投資於其他事業，其轉投資之資本額未超過資本百分之五十者。

3. 公有營事業機關及各基金接受政府委託代管公庫對國外合作事業及國內業直接投資，政府資本未超過該合資事業百分之五十者。

4. 政府及其所屬機關或基金投資國際金融機構或與國外合作而投資於其公者。

另審計部為加強審核各機關及附屬單位預算營業或非營業特種基金對民及個人補（捐）助案件經費⋯⋯⋯⋯⋯⋯⋯⋯⋯⋯⋯⋯⋯⋯⋯體及個人助預算執行情形注意事項」⋯⋯⋯⋯⋯⋯⋯⋯⋯⋯⋯⋯體及個人除法令另有規定外，悉依該⋯⋯⋯⋯⋯⋯⋯⋯⋯⋯⋯⋯⋯⋯⋯⋯政府及其所屬機關，按⋯⋯⋯⋯⋯⋯⋯⋯⋯⋯⋯⋯⋯⋯⋯⋯⋯⋯⋯

1. 機關：中央行政機關⋯⋯⋯⋯⋯⋯⋯⋯⋯⋯⋯⋯就法定事決定並表示國家意思於⋯⋯⋯⋯⋯⋯⋯⋯⋯⋯⋯權力之行政院69年7月17日⋯⋯⋯⋯⋯⋯⋯⋯⋯⋯⋯⋯備「獨立

　　這種方式的設定原理就是透過「內文」為編號的基底（即編號的第一層）、讓「編號文字」成為「內文」的第二層編號文字，所以在內文或依據內文的段落之後的「編號文字」就會自動重新編號喔～

　　如果遇到不是一般內文隔開編號文字，例如一段編號後接著一個標題或其他段落樣式就接下一個編號文字，那麼可以將中間這個隔開的段落樣式跟一般內文樣式扯上關係，也就是只要在「一般」頁籤中，指定「依據」為一般內文就可以了。當然樣式可能會跑掉，請再自行調回原來的設定即可。

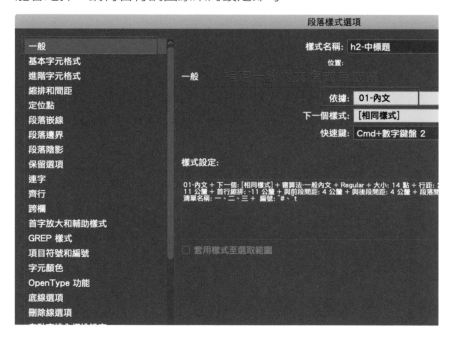

NOTE. 以這種方式製作的文件，如果要轉換成電子書 ePub 時，需要把內文的編號樣式取消，不然輸出的 ePub 會變得很誇張。只不過，更改內文的編號樣式後，原先那些會自動重新編號的編號樣式就會全部順序跑掉了，所以在做這項設定前，建議先考慮這本書會不會被要求製作電子書喔～

34 ▍多層編號樣式的設定參考

我曾經接觸一些在內文層次編輯上很糟糕的稿件，它的結構
可能像下面這樣：

---

(1) 編號文字

(2) 編號文字

1. 第二層編號文字

2. 第二層編號文字

一段內文……

3. 編號文字

(3) 編號文字

1. 第二層編號文字

2. 第二層編號文字

①第三層編號文字

②第三層編號文字

一段內文……

3. 第二層編號文字

一段內文……

(4) 編號文字

其實就是一個很多層的編號結構，一般稱為巢狀編號結構，
重點在於要將不同階層的編號設定不同的編號段落樣式與縮排，
重新整理後的結構會變成像下面的樣子：

---

(1) 編號文字

(2) 編號文字

　1. 第二層編號文字

　2. 第二層編號文字

　　一段內文……

　3. 編號文字

(3) 編號文字

---

1. 第二層編號文字
2. 第二層編號文字
　①第三層編號文字
　②第三層編號文字
　　一段內文……
3. 第二層編號文字
　一段內文……
(4) 編號文字

　　在這種巢狀結構裡面，最討厭的就是沒有編號的一段內文，這種內文通常是上面的編號文字所延續下來的第二段文字，也有可能不是。回歸原點這本來就不是良好的結構，好的編號文字應該是一個編號一個段落，不該存在第二個段落才對。

　　這個問題的修改應該是作者或編輯要處理，但是很多時候變成了美編要去判斷，這裡我以編輯的角度來說說好的處理方式。

　　當編號層次很多，我會判對第一個層次的編號可否轉換為小標題的段落樣式。例如有些編號文字很短，後面接了一兩段以上的文字時，就很好判斷可以把它轉換為小標題的樣式，例如下面的例子：

一、舊石器文化與社會生活

臺灣舊石器時期的人類遺址主要有兩處：一是台南左鎮鄉的人類頂骨化石遺址，另一處是台東長濱鄉的八仙洞遺址。左鎮在台南縣的東南，境內四面環山，屬丘陵地帶，有一條溪流，名為菜寮溪，每當大雨滂沱、河水暴漲之後，溪邊顯露出很多化石、石器和陶片等。1971年 11 月，臺灣學者在左鎮鄉發現了人類右頂骨殘片化石，1974 年 1月，又在同一地點發現人類左頂骨殘片化石。根據右頂骨的氟及錳含量的研究，其年代距今有 3 萬年至 2 萬年，這就是「左鎮人」，屬於舊石器時代後期。

這樣的轉換處理，可以讓編號層次數減少，也可以讓剩下的編號文字在排版結構上比較好看。

還有一種編號跟上面的內容很像，編號文字短短的，後面卻只接一段文字，我會把這兩段文字透過冒號連接起來，例如：

> 1. 廣告主無法知道廣告是否播放了
>
> 由於某傳媒採取單機人工播放的形式，因此，廣告主無法實際探知廣告具體的播放頻率，甚至是否真的播放了都無法知道。
>
> 2. 缺少內容支援
>
> 作為媒體，從嚴格意義上說，僅僅是一種「廣告播放」，這與真正的媒體有著極大的不同。無論是電視、報紙還是網路，受眾首先看的是內容，被內容所吸引，然後才接受廣告。

就可以改成下面的形式：

> 1. 廣告主無法知道廣告是否播放了：由於某傳媒採取單機人工播放的形式，因此，廣告主無法實際探知廣告具體的播放頻率，甚至是否真的播放了都無法知道。
>
> 2. 缺少內容支援：作為媒體，從嚴格意義上說，僅僅是一種「廣告播放」，這與真正的媒體有著極大的不同。無論是電視、報紙還是網路，受眾首先看的是內容，被內容所吸引，然後才接受廣告。

這樣子的處理也是精簡化編號的編排格式，這兩種方式通常是要介入編輯力處理，但如果美編也能夠知道這樣的處理方式應該會很不錯（但要祈禱編輯或作者會不會反對）。

除了這兩種方式外，編號層次如果真的很多，那也只能無奈地設定這些編號的樣式與各自的縮排。縮排的空間其實也可以針對書稿內文中層次出現多寡做整理。例如整本書裡只會出現第一層的編號文字，那麼編號的縮排就可以正常在第二個字元後；如果有三層的編號文字，那麼建議第一層的編號文字就不要內縮，

直接對齊左邊文字邊界，這樣在顯示其他兩層編號文字時，才不會顯得整段內文內縮了很多空間。

另外，當編號文字很多時，經常需要使用「重新開始編號」的功能，這時可以參考 P.112 的〈隔段重新編號的編號文字〉提到的快速方法；還有，將編號文字改成項目文字也是很棒的方式，這樣就不用經常使用「重新開始編號」，很多很糟糕的稿件很喜歡把無順序的文字設定成編號文字，講到這又是要抱怨編輯到底有沒有做好把關動作了……。

> **NOTE**. 這年頭我發現學校的學生不太會用 InDesign，一來有經驗的業師很少，一來這款軟體的上手還是需要多加練習才行，但是在學校的環境裡基本上不太會有什麼實務上的練習經驗，尤其以這個單元來說，就算是有經驗的美編也不一定能對文件結構清楚地掌握，更何況是毫無經驗的學生，遇到這種好像很複雜的內文結構時，也會很容易做不出好的層次的設計。

奇妙的傳聞：

你知道嗎？會遇到這種亂用、又無法有系統的整理編號或項目內容的爛稿件來源，除了國內部分作者外，很多來自於大陸的簡體書稿了，大陸的書稿可以說是內容農場的出版形式，不同的書種、不同的作者團隊（專門的寫作＆版權銷售公司），經常可以看到重複的內容，所以這些很爛的項目或編號內容也經常出現，刪改了一本後、下一本又有熟悉的發現，如果你常接大陸的稿件編排，就會有這種即視感。

35 ┃常見的文字間距過大問題

通常我們的內文都是預設為靠左齊行的編排，正常來說每一行、每一段落的文字間距可以很整齊地排列，但是如果看到某個段落的文字間距突然變得很寬，通常來說，就是在某個地方有一個強制分行所導致的情形。

下面就是一段突然文字變很寬的例子。

就感到些許慰藉。在很大程度上，疾病是貧困及由貧困產生的骯髒直接或間接的產物。醫學和化學家畢生致力於發明與疾病抗爭或治療疾病的事業。當我們確信無疑地從地球上消除貧困之時，醫學和化學家將有閒暇時間致力於設計化學工序，替代今天由廉價而骯髒的男男女女們所做的骯髒工作了。¶

　　他們還將開拓出廣闊的領域，發明生產營養物的化學方法。消除貧困，將如何迫使我們的巴斯德們改變他們的職業呢？對此，范登堡臨床醫學院（Vanderbilt Clinic）的林斯立·威廉斯博士[40]，在自然博物館的大禮堂裡，面對布魯克林中央工會的代表們發表的演講說

這時請按下 cmd + opt + I / Ctrl + Alt + I 來開啟「顯示隱藏字元」，然後找找看，應該會看到強制換行的隱藏字元，請把那個隱藏字元刪掉。

到了點子上。當時，正舉辦布魯克林勞工日國際結核病展。報紙對他的演講進行了報導，我簡要摘錄如下：「威廉斯醫生在開場白中說，雖然每個人都或多或少地受到結核病的困擾，但工人階級尤為深重，有 33% 的工人死於結核病……然後醫生切入正題，他宣布說：這一白色瘟疫最大的誘因就是低薪資和骯髒的工作環境。他說，世界上有許多工作都是在不衛生的環境中進行的。為了證明他的觀點，他還說，儘管普通大眾每年結核病的平均死亡率為 2.5‰，但鑿石匠的死

看到藍色的 ⏎ 符號就是強制換行符號

再回頭看看剛剛的文字間距，就變得正常且順眼了！

就感到些許慰藉。在很大程度上，疾病是貧困及由貧困產生的骯髒直接或間接的產物。醫學和化學家畢生致力於發明與疾病抗爭或治療疾病的事業。當我們確信無疑地從地球上消除貧困之時，醫學和化學家將有閒暇時間致力於設計化學工序，替代今天由廉價而骯髒的男男女女們所做的骯髒工作了。¶

　　他們還將開拓出廣闊的領域，發明生產營養物的化學方法。消除貧困，將如何迫使我們的巴斯德們改變他們的職業呢？對此，范登堡臨床醫學院（Vanderbilt Clinic）的林斯立·威廉斯博士 [40]，在自然博物館的大禮堂裡，面對布魯克林中央工會的代表們發表的演講說到了點子上。當時，正舉辦布魯克林

36 ┃好用的段落陰影

　　要說 InDesign CC2017 有什麼特別好用的功能，我想「段落陰影」是一個值得推薦的新功能。

　　以往，我們在做一個類似說明框類型的文字內容時，有的會做成一個外框把說明標題與內容放在裡面、或是表格、或是其他方式，總之不意外地都要另外加工一次才能做出這樣的說明文內容。

　　而在 CC2017 以後的版本，只要透過段落陰影的設定，就可以局部呈現說明文字與一般內文的差異，也可以再搭配段落邊界或其他設定加油添醋一下，就會是一個不錯且快速的說明框文字，簡單好看又有效率，如果你還遲遲未更新新版，這可能會讓你很眼饞。

37 ┃國字零○的輸入

在使用輸入法輸出中文字時，你的零是以怎樣的面貌呈現呢？是寫成國字「零」，還是「○」、「ｏ」、「○」、「0」或是寫「0」？在 windows 作業系統的環境裡，「零」、「○」或「0」使用任何輸入法都可以打出來，但是「○」用一般系統內建的輸入法像是注音、新注音、倉頡是找不到的，如果您有額外安裝的輸入法，如自然輸入法，鍵入零這個字，則可以透過選單找到「○」。

上面舉例的這些字元造型都長的很相近，每一個字元在 Unicode 字碼的定義裡都有一組數字來代表自己，這組數字一般通稱為字碼，這幾個字碼及其代表的意思分別如下：

- 零：U+96F6，中文漢字零。
- 0：U+FF10，全形數字零。
- ○：U+25CB，空心圓圈，幾何圖形。
- ○：U+3007，國字零，中日韓符號和標點。
- 0：U+0030，數字零，屬於基本拉丁字母。
- O：U+004F，拉丁大寫字母 O，屬於基本拉丁字母。

字碼對於大部份人來說很陌生，而且並不是每個軟體都支援字碼輸入，在 word 使用微軟注音輸入法時，透過輸入鍵盤上左上位置的「`」這個符號，就可以輸入字碼，輸入「~」會產生一個黃色的小視窗，此時輸入「U3007」按空格就可產出「○」，要特別注意的是數字不能用鍵盤右方的小鍵盤輸入，一定要用英文上方的數字鍵輸入才行。

在 InDesign 裡面，可以在「尋找 / 變更」視窗中，在「GREP」頁籤裡的「尋找目標」輸入欄位中，在數字的左右邊加上左右箭

頭 <>，例如 U+3007 要改成輸入：<3007> 就可以看到國字零〇
的字元。

38 ┃令人討厭的破折號與音界號

破折號（一），重修國語辭典這樣解釋：一種標點符號，表示語意的轉變、聲音的延續、時空的起止或用來加強解釋。形式為「──」（占行中二格）。如：「這裡面似乎還有一個小問題──也罷，橫豎我們不易做到盡善盡美。」、「嗚──嗚──嗚──，警報聲又響起了。」

這個符號在 InDesign 排版時，通常會用一個字元樣式把破折號改成兩倍長的破折號樣式，然後兩個破折號改成一個。這樣的用意是可以讓破折號中間沒有空格，比較美感。有些字型在兩個破折號間沒有空格，但也經常會有空格存在的字型，所以這麼做是比較保險的方式。

但是呢，有時候作者提供的稿件破折號不統一也是很常見的，可能因為輸入法的不同，作者打字上也沒注意，所以常見的就會出現兩種破折號在同一個文件上，例如「—」跟「─」。一般聰明的美編會在 GREP 樣式中指定破折號套用兩倍長破折號的字元樣式，但是如果文件中出現兩種甚至更多的破折號字元，就會有部分套用了兩倍長破折號，部分沒有，這樣就會很麻煩。如果為了一勞永逸，我會在 GREP 樣式中，用字元集的方式來指定，例如 [─ —]，這樣不管作者給了什麼破折號，通通都會套用到指定的字元樣式。

當然上面是偷懶的方式，嚴謹一點的話，還是把兩種破折號字元都統一為一種吧！

至於另外一個讓人感到困擾與頭痛的是**音界號（·）**也稱作間格號，教育部國語字典是這樣解釋的：一種用來分別姓和名或間隔數字中整數與小數的標點符號。亦可用來表示書名與篇

名間的間隔。如：「喬治‧華盛頓」、「三‧五公里」、「史記‧高祖本紀」。通常來說台灣中文使用是用全形的，大陸則是用半形的（·），在中文輸入上也經常會不小心輸入成英文全形的句點 U+FF0E（．），而在電腦應用上，W3C《中文排版需求》草稿中，則是建議間隔號應使用 U+00B7（·），還有像是 Big5/CP950 標準中採用的是 U+2027（‧）…，總之，一個音界號有很多種字元表現形式真的讓人頭疼，再加上每一家字型廠商在音界號的呈現上也不太一樣，有的佔有一個字元寬、有的 2/3 字元寬、有的 1/2 字元寬，結果就會導致如果文稿來源的音界號有很多種不同字碼，就會看起來很怪。

尤其是一個字元寬的音界號，在編排英文人名上，常常會覺得過寬而想要把它縮短，就會設定一個字元樣式來套用，就像破折號的處理方式。但是當內文中超過一種以上的音界號字元時，還是需要像破折號一樣的處理方式，一種是把所有音界號填入 GREP 樣式中，但是最好還是統一一下所有的音界號字元，這樣內文看起才會比較漂亮。

39 ┃為什麼要刪掉空白行

　　我在做排版的時候，通常會有一個習慣就是把置入文件裡的空白行給刪掉。

　　刪掉空白行的方式很簡單，例如用 `^\s*\r` 或 `^\s+` 這樣的 GREP 語法就可以一鍵把所有多於的空白行刪掉。

　　那麼為什麼要刪掉空白行呢？一來不美觀，如果要呈現出段落間的行距，美編事實上可以透過段落樣式的行距設定來調整，沒必要透過空白行來呈現。比較重要的是，空白行可能帶有不該出現的段落樣式屬性，例如帶有中標的空白行，而好死不死你的頁眉又呼叫了這個中標變數，然後就會發現某些頁面的頁眉出現空白，某些頁面出現正常的頁眉。

　　一般編輯可能沒有 InDesign 的技術背景，直覺地就會跟美編講說不要把我的頁眉搞消失，而美編如果技術不夠硬，自己也不知道怎麼回事就硬幹，在這些消失的頁面上貼上頁眉文字，校對的時候如果有增刪頁面，沒去注意看這個頁眉的話可能就會造成頗大的瑕疵。另外，如果輸出的時候沒什麼問題，但是以後要做電子書或是改版等，也很容易造成自己修改的麻煩或是讓接手的人頭痛。總之如果你想做個讓人喜歡又尊敬的美編，空白行先刪掉，很棒，這是你走向有格調的美編的第一步！

40 ┃InDesign CC2020 讓空白行成為歷史

InDesign CC2020 在段落樣式中新增了一個功能——「段落間距使用相同樣式」讓很多有不同段落樣式行距設定不同的困擾得以解決。

以往，為了突顯一般內文與其他非標題的文字，例如表格標題、圖說文字、說明框文字、引言文字 … 等等特別格式的文字有別於一般內文間的段落行距，通常不得已使用了一些特別的空白行來美化這些不同段落樣式的美觀。但是透過「段落間距使用相同樣式」可以讓相同樣式的文字間保持同樣的距離，但是遇到其它樣式時，就套用與前後段間距的距離，讓許多微調的小工作就此一筆勾銷，也避免先前曾經提到的 P.126 的〈為什麼要刪掉空白行〉的問題，這大概是經常擠牙膏的 InDesign CC2020 所有功能裡最讓我驚豔的地方吧！

41 ▌圖說文字與圖片的距離

　　其實這個議題沒有一定的標準，有人認為圖片與圖說文字可以離很開，感覺很有藝術感，但是就實際面來說，圖說文字顧名思義就是圖片的「解釋文字」，所以圖說文字要與對應的圖片距離近一點是很合情合理、也屬於大部分工具書製作的想法。

圖片與圖片介紹文字放很近的例子 / 資料來源：日経ヘルス《優木まおみのキレイの秘密 一生太らない！食べ方》

　　除了距離要近一點外，關於這個與圖片間的間距，最好也要保持一致性，如果圖片與圖說文字都在文字串流的文字框內，那麼可以在圖片的錨定物件選項中，將「與後段的距離」設定為負值，這樣可以讓圖片與圖說文字看起來有很漂亮的距離感。

　　如果是要與圖片另外群組起來，建議可以設定一個文字框的物件樣式，在「文字框一般選項」中設定「內縮間距：上」的距離，然後指定「文字框自動大小選項」裡的「自動調整大小：僅高度」，然後配合開啟「智慧型參考線」（cmd / Ctrl + U）的物件對齊功能，就能很方便地把圖說文字框與圖片間的間距做好統一的處理了。

42 ┃利用著重號製作特殊的數學符號

　　有時候我們會遇到一些特別的字元，像是特殊的數學符號無法在字型裡面自動呈現呈現，那麼可以用「著重號」的字元樣式來呈現想要的數學公式。

　　下圖左右邊分別是在 InDesign 呈現的文字初稿樣子與修正後正確的數學公式，這裡會遇到兩個數學機率用的變數：依變項平均值（Y 上面有個 ^）與依變項預測值（Y 上面有個－），一般的字型應該沒有這種字元，這時我們就可以用「著重號」來變裝一下。

$$^\wedge Y = b \cdot X + a \qquad \hat{Y} = b \cdot X + a$$

文字初稿的呈現方式　　　　　　正確的數學公式呈現

$$\left(\sum (^\wedge Y - {}^- Y)^2 \right) \qquad \left(\sum (\hat{Y} - \bar{Y})^2 \right)$$

　　我們先把 Y 選取起來，設定一個字元樣式，然後選擇「著重號設定」頁籤，首先設定「字元：自訂」選項，接著輸入 ^ 字元與設定對應的字體，然後依照下圖紅框標示的地方做一些調整與設定。

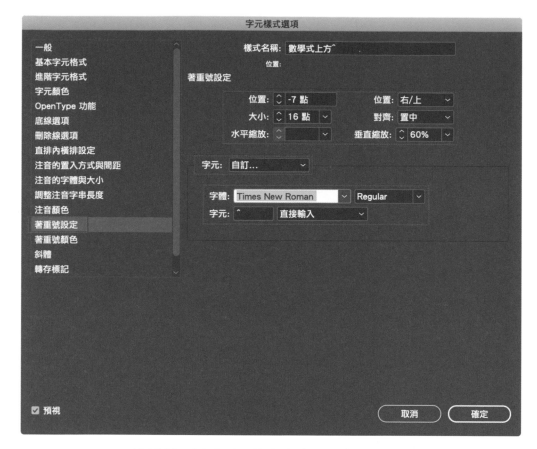

這樣就可以看到 Y 的上方出現 ^ 字元。

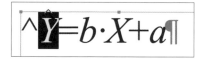

同樣的方式，選取另外一個 Y。

一樣設定一個新的字元樣式。

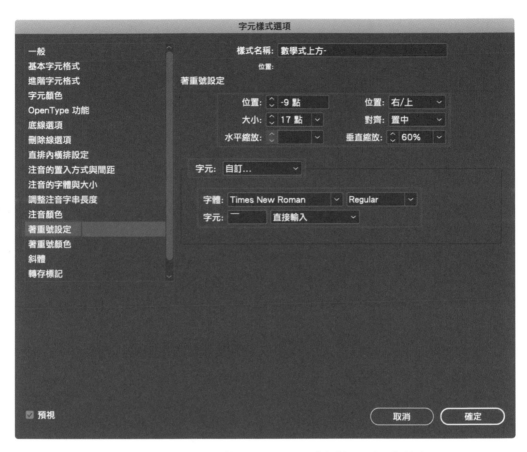

這個一字元如果找不到適合的，可以透過「字符」面板去找，例如這裡設定的 Times New Roman 字型中，有個 Unicode：00AF 的字元可能蠻適合大小的就可以拿來用。

完成設定後，再把前面多餘的文字拿掉，就可以看到正確表達的數學公式了。

$$\left(\sum(\hat{Y}-\bar{Y})^2 \cdot\right)$$

NOTE. 這個方式通常用來應對比較簡單的數學符號，有一些比較複雜的數學公式可能還是用一些專門的數學編輯公式軟體操作後，再轉存成圖片貼入會比較好。

43 ┃利用著重號製作注音的聲調符號

中文字型有一些注音字型，通常是在中文字的旁邊夾雜出注音的樣子，通常是用在國小學齡兒童的課文設計中，或是一些特殊教育用的內容裡。不過有時候我們會遇到生僻字需要加註注音的情形，這時一般的中文字型也可以呈現出注音符號與四聲聲調，但是通常呈現出來的可能會像下面的樣子。

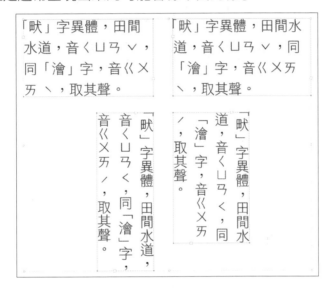

橫排的時候問題比較不大，頂多就是讓注音符號做不斷行處理，但是直排的時候可能問題很大，這時候可以建議用「著重號」的方式來設定二、三、四聲的聲調符號。

製作的方式跟先前製作特殊數學符號的方式一樣，先選取一個注音符號，然後新增字元樣式，並製作好「著重號」的設定，下圖是三聲 ˇ 的字元樣式設定。

字元樣式選項

一般
基本字元格式
進階字元格式
字元顏色
OpenType 功能
底線選項
刪除線選項
直排內橫排設定
注音的置入方式與間距
注音的字體與大小
調整注音字串長度
注音顏色
著重號設定
著重號顏色
斜體

樣式名稱： 注音三聲聲調
位置：
著重號設定

位置： -2 點　　位置： 右/上
大小： 10 點　　對齊： 置中
水平縮放：　　　垂直縮放：

字元： 自訂...

字體：
字元：　　　直接輸入

完成後如下圖左所示，看起來變這樣子是不是比較好看了呢？接下來用同樣的方式，製作另外兩個聲調字元樣式（下圖右），每次遇到有聲調的注音，就拿來套用即可。

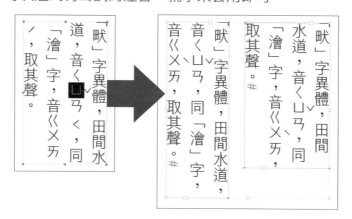

需要注意的是，橫排文字保留原來的編排即可，這個著重號的設定比較適合於直排文字內容。

44 ▎直接預覽文字顏色的變化

在 InDesign 中要更改文字顏色的變化，一種是在設定的段落或文字樣式中修改顏色，這樣可以很快速地看到修改的效果，一種是直接把文字選取起來套用不同色票。

第一種方式我們就不說明了，第二種方式很常見，通常是在未設定文字樣式前的調整階段、或是不太需要設定文字樣式的情況，這時候我們選取文字會有一個反白的顏色，而這時候指定顏色的話，就會出現該顏色的反相顏色，常常我們要把文字選取取消後才能看到真實的顏色，但是這樣就很不方便，要再重複選取、設定顏色、取消選取觀看真實顏色。

這時候有一個小技巧就可以讓我們在選取階段，看到變更的真實顏色。首先，在正常的工作區域下，按下右下角一個「分割版面檢視」的按鈕。

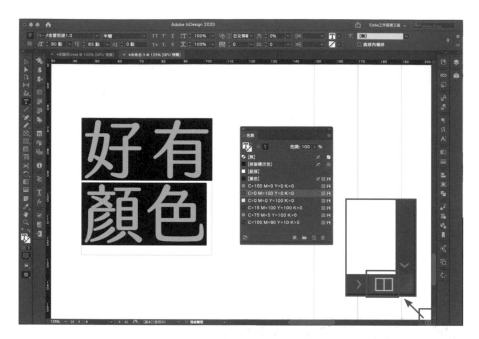

　　這時候畫面會分割成兩個，左邊是我們正在操作選取的工作畫面，右邊就是即時顯示的真實畫面，當我們選取文字選擇綠色時，左邊反相看到洋紅色的文字，右邊則是呈現真實的綠色。

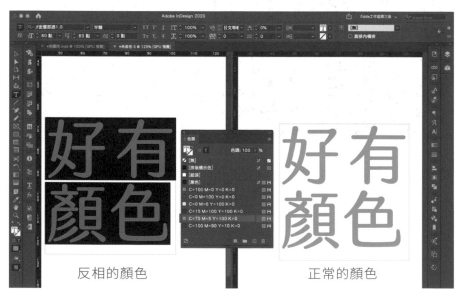

反相的顏色　　　　　　　　　　　　　正常的顏色

45 ｜快速處理溢出文字框的問題

　　當你需要經手他人的 InDesign 文件或是處理以前的舊文件，有時候會發現因為沒有對應的字型，那些浮動文字框，像是圖說文字、註解、標題文字等等文字內容，就會在右下角出現紅色方塊＋的溢出圖示，如果數量不多還好，但是很多的話逐個拉開整理就會讓人瘋掉。

　　其實有一個簡單快速的方法可以整理這些溢出文字框，首先，針對溢出的文字框設定一個物件樣式，在左邊的基本屬性那邊選取「文字框自動大小選項」頁籤，在右邊的「自動調整大小」下拉單中選擇『高度和寬度（等比例）』，其他保持預設就可以。

　　接著回到「一般」頁籤，在右邊指定這個物件樣式一個快速鍵，很重要，這是讓處理速度變快的一個方式。

接下來遇到溢出的文字框，把它選取後按下快速鍵，它就會顯示出完整的內容。

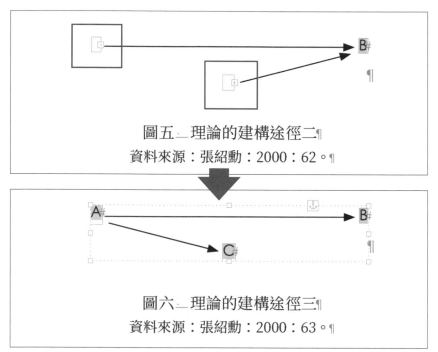

圖五－理論的建構途徑二¶
資料來源：張紹勳：2000：62。¶

圖六－理論的建構途徑三¶
資料來源：張紹勳：2000：63。¶

46 ┃自動生成分欄文字

一般我們製作分欄文字時，都是在文字框中設定好欄數，這裡將使用一種「自動」的方式，來產生或減少固定寬度的分欄數目。

首先，建立一個文字框，填入文字內容。

> 一壺濁酒喜相逢，古今多少事，都付笑談中。是非成敗轉頭空，青山依舊在，幾度夕陽紅。滾滾長江東逝水，浪花淘盡英雄。白髮漁樵江渚上，慣看秋月春風。

接著按右鍵選擇「文字框選項」，在「文字框選項」視窗中，先選擇「自動大小」頁籤，指定「自動調整大小：僅寬度」，然後下面的位置設定為靠左邊。

接著回到「一般」頁籤，設定「直欄：固定寬度」，在「寬度」那邊設定好適當數值（這個範例為 40mm）。

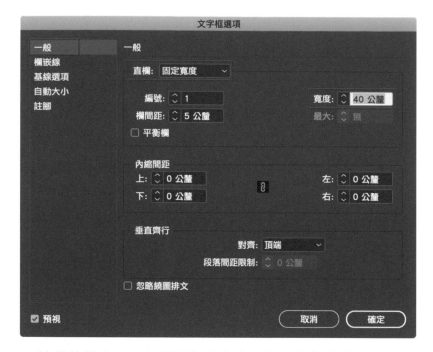

　　這樣的設定用意，是要指定文字框的固定寬度為 40mm，遇到過多或過少文字時，會橫向自動產生新的／或減少的 40mm 文字框，也就是產生新的／減少的欄位。例如我們複製原來的文字貼上，就會看到文字框變成 2 欄了。

> 一壺濁酒喜相逢，古今多少事，都付笑談中。是非成敗轉頭空，青山依舊在，幾度夕陽紅。滾滾長江東逝水，浪花淘盡英雄。白髮漁樵江渚上，慣看秋月春風。
>
> 一壺濁酒喜相逢，古今多少事，都付笑談中。是非成敗轉頭空，青山依舊在，幾度夕陽紅。滾滾長江東逝水，浪花淘盡英雄。白髮漁樵江渚上，慣看秋月春風。

　　我們再複製貼上一次，內容增加又會向右增加一個欄位的文字框。

一壺濁酒喜相逢，古今多少事，都付笑談中。是非成敗轉頭空，青山依舊在，幾度夕陽紅。滾滾長江東逝水，浪花淘盡英雄。白髮漁樵江渚上，慣看秋月春風。一壺濁酒喜

一壺濁酒喜相逢，古今多少事，都付笑談中。是非成敗轉頭空，青山依舊在，幾度夕陽紅。滾滾長江東逝水，浪花淘盡英雄。白髮漁樵江渚上，慣看秋月春風。一壺濁酒喜

相逢，古今多少事，都付笑談中。是非成敗轉頭空，青山依舊在，幾度夕陽紅。滾滾長江東逝水，浪花淘盡英雄。白髮漁樵江渚上，慣看秋月春風。

如果減少文字呢？例如選取下面的文字。

一壺濁酒喜相逢，古今多少事，都付笑談中。是非成敗轉頭空，青山依舊在，幾度夕陽紅。滾滾長江東逝水，浪花淘盡英雄。白髮漁樵江渚上，慣看秋月春風。

一壺濁酒喜相逢，古今多少事，都付笑談中。是非成敗轉頭空，青山依舊在，幾度夕陽紅。滾滾長江東逝水，浪花淘盡英雄。白髮漁樵江渚上，慣看秋月春風。一壺濁酒喜

相逢，古今多少事，都付笑談中。是非成敗轉頭空，青山依舊在，幾度夕陽紅。滾滾長江東逝水，浪花淘盡英雄。白髮漁樵江渚上，慣看秋月春風。

把它們刪掉後，內容數減少，就變成 2 欄的文字框了。

一壺濁酒喜相逢，古今多少事，都付笑談中。是非成敗轉頭空，青山依舊在，幾度夕陽紅。滾滾長江東逝水，浪花淘盡英雄。白髮漁樵江渚上，慣看秋月春風。

一壺濁酒喜相逢，古今多少事，都付笑談中。是非成敗轉頭空，青山依舊在，幾度夕陽紅。

47 ┃讓人苦惱的動態表頭──字元樣式

　　頁眉的文字變數是編排書稿文件經常會用到段落樣式，不過有時候一整段標題過長時，例如這句標題：「**Chapter 9 Hiring People and Loaning Properties 租借物品 / 租用人員**」放在一般的頁眉也許會超過一行導致文字擠壓在一起，比較漂亮的方式是把「**Chapter 9**」拉出來另外一行，變成兩行的頁眉，這樣就比較不會有頁眉文字擠壓的問題。

Chapter 9#
Hiring People and Loaning Properties 租借物品 / 租用人員#

Chapter 9　Hiring People and Loaning Properties 租借物品/租用人員#

同樣寬度的兩行頁眉與一行頁眉，當寬度不夠時，頁眉文字就會擠壓在一起

　　這時候頁眉的文字變數的動態表頭就會需要用到字元樣式，不過如果你是習慣用 GREP 樣式來設定這種兩行式標題的就頭疼了，因為變數文字不會去抓 GREP 樣式裡的字元樣式，所以你就要再重頭把這些標題重新重複加上它的字元樣式，這樣子頁眉的變數文字才會辨識它，變成多此一舉（但又不能不做）。

　　而且內文中的標題加上了字元樣式，在輸出目錄時也會自動載入這個字元樣式，就會導致目錄看起來很奇怪，就算你再另外設定 GREP 樣式去消除它也無用！這就是為什麼標題要用 GREP 樣式去設定不同的字元樣式，因為目錄也不會去載入標題裡的字元樣式。

Chapter·9

Hiring·People·and·Loaning·Properties 租借物品 / 租用人員

Section 1
Interpretation·Activities ···138

因為目錄自動載入字元樣式的結果，導致目錄頁的標題看起來很奇怪⋯

　　結果有一好就有一壞，頁眉文字自動呈現我們要的兩行標題了，目錄頁也自動呈現我不想要的壞結果，除了手動讓每個標題加上字元樣式外，目錄自動出來的樣式也要手動去清除掉，一旦頁碼有變要更新目錄時，這些奇怪的字元樣式又自動跑出來，就像疥癬之疾，揮之不去，真是討厭。

Chapter·9
Hiring·People·and·Loaning·Properties 租借物品 / 租用人員

Section 1
Interpretation·Activities ···138

結果就要再手動把這些變異的標題（Chapter 9）恢復正常狀態⋯

　　所以一旦用了動態表頭的字元樣式，就是一連串討厭的手動調整之旅。

　　希望 Adobe 之後可以新增變數文字可以辨識 GREP 樣式裡的字元樣式的新功能啊！

48 連續註腳的上線設定

在設定註腳文字時，如果有勾選「允許分割註腳」，當註腳內容過多時就會延伸到下一頁去，這時候就要去設定下一頁「連續註腳」的設定，如果沒有特別去設定的話，我們一般常見的連續註腳上線可能會像下圖這樣不太一樣。

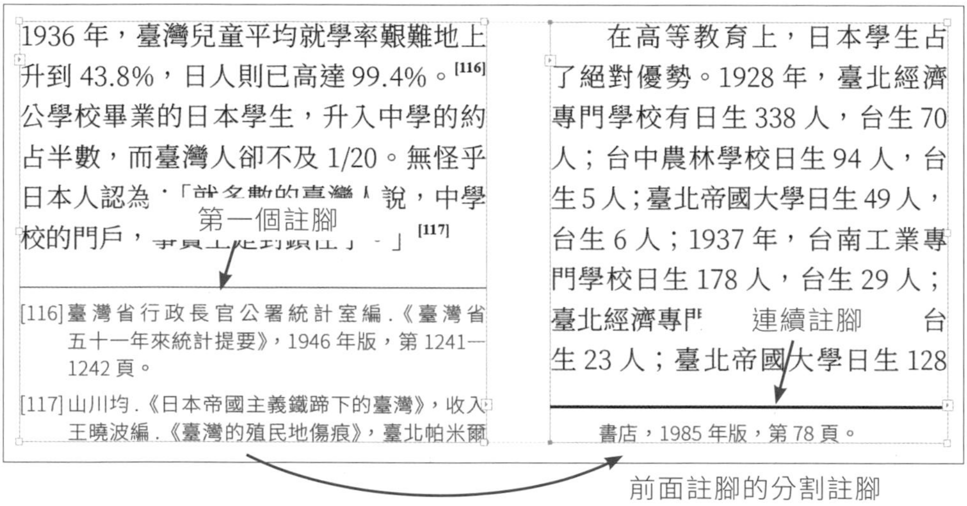

1936 年，臺灣兒童平均就學率艱難地上升到 43.8%，日人則已高達 99.4%。[116] 公學校畢業的日本學生，升入中學的約占半數，而臺灣人卻不及 1/20。無怪乎日本人認為，「就多數的臺灣人說，中學校的門戶，事實上也相類似」。[117]

第一個註腳

[116] 臺灣省行政長官公署統計室編.《臺灣省五十一年來統計提要》，1946 年版，第 1241—1242 頁。
[117] 山川均.《日本帝國主義鐵蹄下的臺灣》，收入王曉波編.《臺灣的殖民地傷痕》，臺北帕米爾

在高等教育上，日本學生占了絕對優勢。1928 年，臺北經濟專門學校有日生 338 人，台生 70 人；台中農林學校日生 94 人，台生 5 人；臺北帝國大學日生 49 人，台生 6 人；1937 年，台南工業專門學校日生 178 人，台生 29 人；臺北經濟專門　　連續註腳　　台生 23 人；臺北帝國大學日生 128

書店，1985 年版，第 78 頁。

前面註腳的分割註腳

註腳上面的上線不太一樣，例如粗細與長度不同，這時我們只要同步將第一個註腳與連續註腳的「上線」設定相同即可。

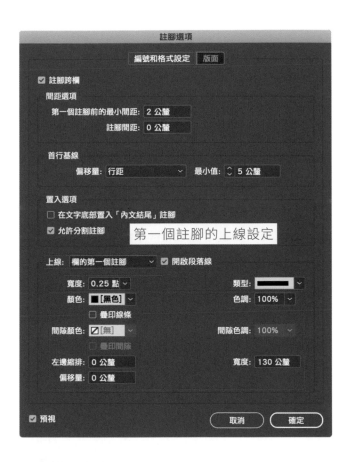

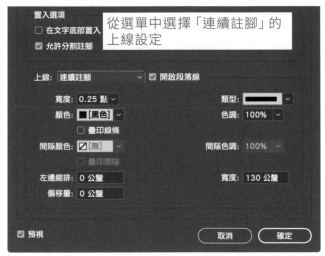

這樣子就可以看到連續註腳的上線與第一個註腳的上線一致了。

1936 年，臺灣兒童平均就學率艱難地上升到 43.8%，日人則已高達 99.4%。[116] 公學校畢業的日本學生，升入中學的約占半數，而臺灣人卻不及 1/20。無怪乎日本人認為：「就多數的臺灣人說，中學校的門戶，事實上是封鎖住了。」[117]

[116]臺灣省行政長官公署統計室編.《臺灣省五十一年來統計提要》，1946 年版，第 1241─1242 頁。

[117]山川均.《日本帝國主義鐵蹄下的臺灣》，收入王曉波編.《臺灣的殖民地傷痕》，臺北帕米爾

在高等教育上，日本學生占了絕對優勢。1928 年，臺北經濟專門學校有日生 338 人，台生 70 人；台中農林學校日生 94 人，台生 5 人；臺北帝國大學日生 49 人，台生 6 人；1937 年，台南工業專門學校日生 178 人，台生 29 人；臺北經濟專門學校日生 229 人，台生 23 人；臺北帝國大學日生 128

書店，1985 年版，第 78 頁。

NOTE. 早期的論文寫作不用參考文獻，只用註腳（footnote）的方式做說明，後來因為註腳有時候內容太多，造成喧賓奪主的情形，就把註腳全部挪到後面，稱為文末註解（endnote），InDesign 中文翻譯叫做「章節附註」，使用方式跟插入註腳一樣，按右鍵選單就會看到。

「章節附註」的特性是會把所有註解內容放到文件的最後面，雖然內容頁面上就不會有太多干擾閱讀的元素，但是也有人覺得要翻到最後面查詢顯得很麻煩，於是就有了文中夾註（citation）的方式，也就是把註解內容精簡在括號裡，簡單交代作者、年份、頁碼等，詳細部分再設定在文末註解（或是稱作參考文獻）中。

不管怎樣，這些都是很學術論文的寫作重點或是偏學術論文的書籍，如果是要做給一般大眾看的商業書籍，一般不會做成章節附註，因為要翻到最後面太麻煩；如果有必要做成註腳的說明文字也不會太長，避免喧賓奪主；而文中夾註通常就是一般商業書比較會用的格式，肯定不會交代論文資訊，更多的是解釋名詞之用。

所以如果讀者遇到明明要當一般商業書販賣，又放了一大堆註腳的，如果不是作者要當作教師評鑑或論文保存之用，真的可以考慮看看這些註腳是不是要一刀全切了省事？

49 | 更改註腳文字前方數字編號的字元樣式

一般的註腳編號，可以在「註腳選項」視窗中，在「編號和格式設定」中來指定字首字尾的符號，例如下圖的例子是指定了前後中括弧的樣子。

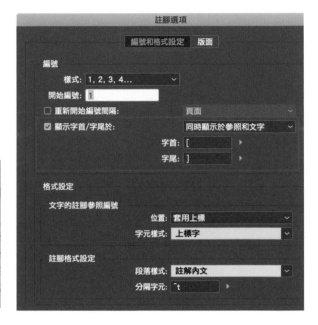

> 民眾黨還積極推動地方自治改革運動，
> 揚殖民主義的始政紀念日活動，反對總督府
>
> [125]《臺灣社會運動史》第二冊，政治運動，臺北創造出版
> [126]《臺灣社會運動史》第二冊，政治運動，臺北創造出版
> [127]《以農工階級為基礎的民族運動》，載《臺灣民報》19
> [128]《對臺灣農民組合聲明的聲明》，載《臺灣民報》1927

除此之外，想要針對註腳前方的數字編號設定不同的字元樣式，例如改成上標字，在「註腳選項」視窗中是辦不到的，需要在註腳文字的段落樣式中，指定GREP樣式，設定「至文字：~F」，套用一個上標字的字元樣式。

　　　　這裡的 ~F 代表註腳參考標記，也就是註腳文字前方的數字編號，透過這個變數字元就可以指定我們想要的字元樣式了。

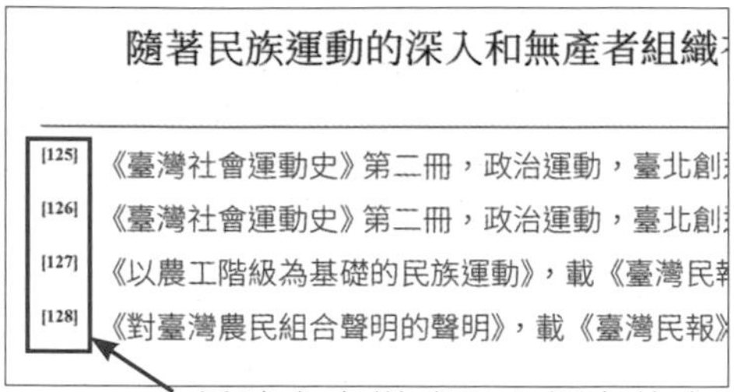

隨著民族運動的深入和無產者組織

[125]《臺灣社會運動史》第二冊，政治運動，臺北創

[126]《臺灣社會運動史》第二冊，政治運動，臺北創

[127]《以農工階級為基礎的民族運動》，載《臺灣民報

[128]《對臺灣農民組合聲明的聲明》，載《臺灣民報》

編號文字變成了上標字的字元樣式

50 ▎關於註腳的濫用

　　書籍中的註腳是指將補充說明、注釋或引用資料放置在頁底或頁邊的文字。對於讀者來說，註腳是一個很方便的方式來了解作者的想法和參考資料。在印刷時，註腳會以小字體出現，並以編號的形式連接到正文中的相應位置。在電子書中，註腳也可以以超連結的形式顯示。

　　可以說，註腳對作者或讀者來說都是一個好東西，但唯獨對美編來說可能是一個有毒物。這樣的說法主要來自於「濫用」的情形，我遇過奇怪的作者把什麼說明都變成註腳，例如下面第一張圖顯示的註腳文字，都是用來說明作品的原文，但其實只要在內文中用括弧去標示即可（下面第二張圖）。

　　可能美編會問幹嘛調動作者的內文結構？注意看看前面的註腳文字編號，都已經到四百多號了，其實我遇到的這本書圖片四百多張、註腳六百多個，圖片多本身就會吃記憶體導致電腦反應慢，編排速度就慢，但是可能很多人忽略掉，太多的註腳也會嚴重影響電腦效能。

415 新聖母大殿西班牙小堂，即 the Spanish Chapel of S. Maria Novella。↵
416 〈教會鬥士〉，即 *The Church Militant*。↵
417 布蘭卡契小堂，即 the Brancacci Chapel。↵
418 〈納稅銀〉，即 *The Tribute Money*。↵
419 〈耶穌顯聖容〉，即 *Transfiguration*。↵
420 〈誘惑〉，即 *Temptation*。↵

老實說這幾個說明真的沒意義做成註腳啊！

> **NOTE**. 對於將註腳文字變成內文的說明文字，最好是要先徵詢編輯或作者的意見，美編千萬不要自己想動就動，因為每個編輯或作者都有不同的想法，千萬不要公親變事主，本想提升效率卻變成花更多時間恢復原樣。

事而將幾個場景加入在同一畫面上。在佛羅倫斯的新聖母大殿西班牙小堂（*the Spanish Chapel of S. Maria Novella*）的溼壁畫〈教會鬥士〉（*The Church Militant*）中就出現這種情況，其效果值得探究；畫中不僅把不同事件堆砌在一起，而且為了適應畫面的空間要求，人物大小也參差不齊；馬薩喬在布蘭卡契小堂（the Brancacci Chapel）創作的溼壁畫〈納稅銀〉（*The Tribute Money*）中一共描繪了三個不同的事件而由基督和門徒組成的中間一群人物構成了畫面的真正中心，因而在此情況下畫面效果的整體性得以保全；即使拉斐爾在其〈耶穌顯聖容〉（*Transfiguration*）中也描繪了兩個不同的中心：耶穌在山上和山下顯現聖容的場景，及令人費解的被置於更加顯眼位置的治癒附魔孩子的場景；在西斯汀教堂的天頂上，米開朗基羅在一塊分隔區域內描繪了〈誘惑〉（*Temptation*）、〈亞當與夏娃的墮落與被逐出伊甸園〉幾個場景。儘管在如此眾多畫面組成的作品中無法保持情節的一致性，但線條的和諧及

在 InDesign 中，把這些說明用括弧置入內文中，並沒有不妥

　　而這個例子裡幾乎有 1/3 的註腳都是這種不像註腳的說明內容，如果能減少這些註腳數量，對編排速度就可以提升不少，而且當註腳數量超過一個額度（通常三百個註腳就會有明顯差異，依照電腦配備而有差異），你還會發現 InDesign 的頁面會出現崩潰消失現象————就是明明該文字框應該要有文字顯示，但是在工作視窗中卻顯示為空白頁，這時候需要重新調整文字框讓它更新一下，這個文字框才又會正常顯示出文字，推估是因為記憶體消耗太大才出現的 Bug 問題。這種現象會導致書籍輸出時要多花點心檢查是否有頁面變「空白」了！一旦沒注意送印，那可是超級大問題！

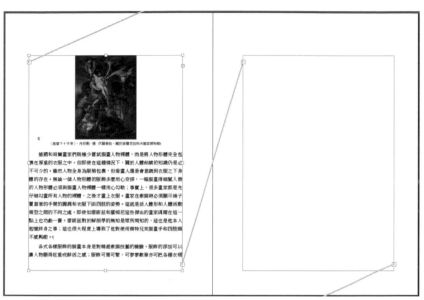

頁面的崩潰消失現象 —— 右邊頁面顯示空白，但其實是有內容的

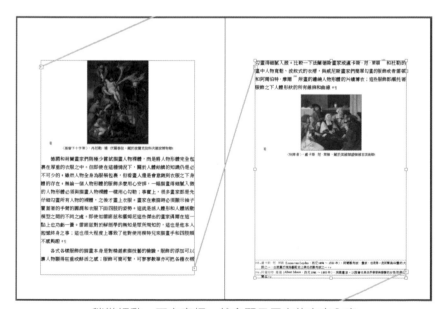

稍微調動一下文字框，就會顯示原來的文字內容

> **NOTE**. 提升效能的另外一個方法是把文件分割做成書冊文件，這樣每份文件裡的圖檔與註腳就會變少，可以提升編排效能、避免頁面崩潰消失現象。

　　除了提升效能、減少頁面崩潰消失的問題外，太多的註腳也會導致版面編排困難，例如像下圖這樣註腳文字內容超過頁面內文，就會導致置放圖片的位置很難調整，我都會覺得這是超瞎的文件結構，實際上應該編輯要先做過整理，但是美編遇到這樣的情形也不會太少啦。

註腳又多又連續，經常會擠壓版面難以編排

　　總之，註腳是個很棒的功能，但是作者如果太過濫用，真的就是美編的噩夢。

51 ▌刪掉重複的註腳

　　一般來說，註腳不應該會重複，美編或編輯也不太會注意到註腳是否有重複，會發現這個問題也是因為在某本書手動置入了三百多個註腳時，發現有些註腳內容感覺看過，結果一查就發現真的有重複內容，這種情形真的很少見，那麼遇到這種天兵作者提供的幾百個註腳的文件，要怎麼快速把重複註腳刪掉呢？

　　我會建議從原稿去處理比較簡單，通常原稿是 Word 檔，如果作者有好好作註腳格式的話，那麼在上方功能列裡選擇「參考資料」，按下右下的展開圖示展開「註腳及章節附註」視窗，按下「轉換」，依照預設值按下「確定」。

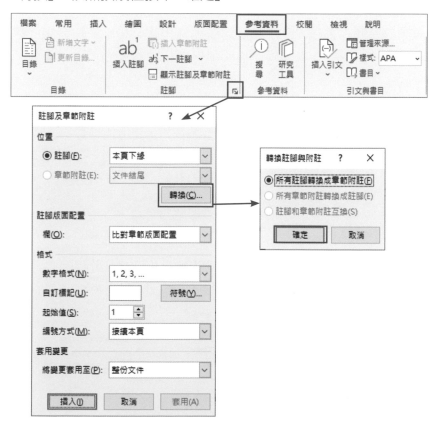

　　就會看到原本在每一個頁面下方的註腳文字，全部集中到文件最後面。

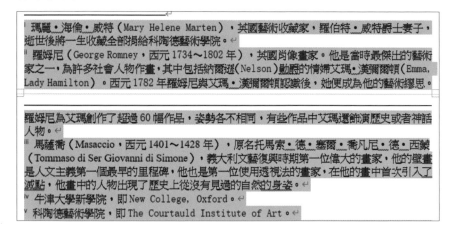

　　把這些註腳文字全部選取後，貼到 Excel 檔。選取左邊第一個欄位整攔，再用「條件式格式設定＞重複的值」來判斷第一欄裡的文字內容是否有重複，很明顯地就會看到重複的欄位被標上了顏色。

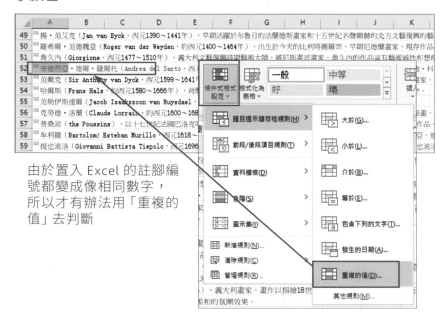

由於置入 Excel 的註腳編
號都變成像相同數字，
所以才有辦法用「重複的
值」去判斷

接著就是去找重複的欄位，在 Word 裡刪掉重複的註腳（還未置入的話），或者在 InDesign（已經置入編排）裡面刪掉重複註腳。因為這種情形非常罕見，就算會有重複的註腳，數量也不會太多，所以不用擔心會花太多時間檢查與刪除。

> **NOTE**. 在 InDesign 中要把註腳文字全部選取起來做檢查，也可以使用下一節的方法來執行喔。

奇妙的彩蛋：

你知道嗎？這本書的尺寸本來想沿用上一本 GREP 的 25K 大小，可是後來放一些 InDesign 的視窗進去後就覺得 25K 的大小實在是不夠塞，原本小巧的版面就會出現很多巨大的黑色視窗畫面，整個版面就變得不和諧，編排說明上也會出現不好的規劃，所以還是改成 18K 大小，這樣至少可以呈現較多的教學內容，版面也比較不會出現失衡的樣子。

52 ▎將註腳文字全部抓取出來

　　InDesign 的註腳功能是一種變數連結的關係，預設會讓註腳內容出現在同一個頁面的註腳編號下面，這樣的設定是為了讓讀者方便檢閱註腳的內容，但是有些情況下，這樣的設定不見得很好用，例如註腳內容的篇幅超過了內文的篇幅，就會讓編排版面產生很大的困擾。還有一種情形是希望把註腳的內容全部整理好放在每一章（篇）的後面、甚至是書籍最後面，用意也是希望閱讀的過程中不要被這些零星出現的註腳內容干擾，尤其像是論文類的書籍，註腳內容都是引用哪本書、那個網站、哪個地方的資訊等，基本上都是給做研究者查詢用，不具有馬上檢閱的用處，所以放在篇章後面或是全書後面是很合理的設計規劃。

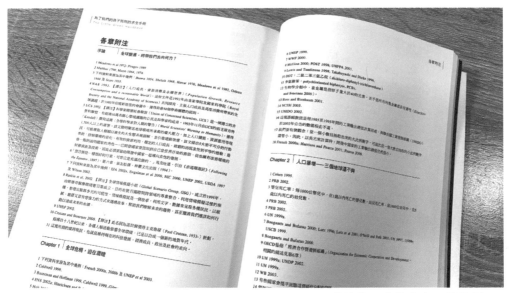

將註腳內容集中在一起的例子 /
資料來源：天下文化《為了我們的孩子而寫的求生手冊》

　　不過呢，InDesign 預設就只有一種註腳顯示方式————顯

示在同一頁面上,所以如果要把註腳另外獨立在其他地方,就需要靠外部的功能,也就是這一節要講的指令碼來幫忙。這個指令碼是國外的大神 Peter Kahrel 提供分享的,網址如下:

https://creativepro.com/files/kahrel/indesign/foot_to_endnote.html

讀者也可以從我提供的下載空間去下載:

https://reurl.cc/DAAzM5

下載並安裝完成後,開啟有註腳的文件,直接雙擊「foot_to_endnote.jsx」指令碼,會出現一個跑動數字的視窗,告知執行進度。

　　第二個步驟是允許臺灣民眾經其他國家和地區赴大陸探親。當局於 1987 年 8 月宣佈從 11 月起開放探親,這是臺灣當局借海峽兩岸的互動來抑制分離意識的一個政治手段,也表明臺灣當局對大陸政策的調整已經列入議事日程。1988 年 1 月,蔣經國去世,由李登輝繼任「總統」。由於「解嚴」和開放探親已經對

[203]《蔣經國言論集》第八輯,第 42 頁,《中央日報》1987 年出版。
[204] 李水旺.《論國民黨當局的「政治革新」》,載《臺灣研究》1988 年第 1 期。

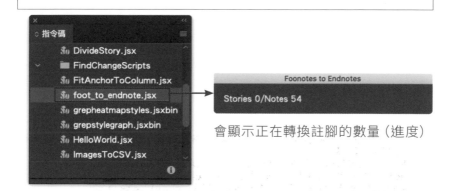

會顯示正在轉換註腳的數量(進度)

完成後就會看到這些註腳全部置於內文最後的位置,成為文末註解(endnote)的內容。

197 :	》	李亦園語,見杭之《邁向後美麗島的民間社會》上冊,臺北唐山出版社,1990 年版,第 250 頁。
198 :	》	王振寰《資本,勞工與國家機器》,臺灣社會研究叢刊,1993 年版,第 41—44 頁。
199 :	》	李筱峰《臺灣民主運動四十年》,臺北自立晚報社文化出版部,1987 年版,第 92 頁。
200 :	》	王振寰《資本,勞工與國家機器》,臺灣社會研究叢刊,1993 年版,第 41—44 頁。
201 :	》	范希周《國民黨的政治改革及對其大陸政策的影響》,見朱天順主編《當代台灣政治研究》,廈門大學出版社,1990 年版,第 132 頁。
202 :	》	杭之《邁向後美麗島的民間社會》上冊,第 48 頁。
203 :	》	《蔣經國言論集》第八輯,第 42 頁,《中央日報》1987 年出版。
204 :	》	李水旺《論國民黨當局的「政治革新」》,載《臺灣研究》1988 年第 1 期。

這時候就可以選取這裡的註腳文字進一步修改,例如 P.153 的〈刪掉重複的註腳〉提到的修改以及另外安排在篇章或最後面位置。

這時候的註腳文字可以一次選取多行!

　　轉換之後，原來頁面下的註腳就不見了，內文中的註腳還留著，卻不具有連結的功能。所以在進行這一個方法時，有一個前提很重要，就是要確保註腳的內容不會再增刪！因為現在的註腳已不具備自動編號功能，如果做了增刪，就要手動修改註腳編號的順序，美編在做這個動作前，最好跟編輯、作者一再確認，不然就要欲哭無淚（想想九百多個註腳你要改到何年何月……）。

寇壓力重重之下，毅然出面領導，不為所屈」。有的「仍能與諸宗循時序佳節，維持集會於不墜，因是而被日本人嫉忌國族之團結，迭次迫令解散，族人不為所屈，雖一時陽示解體，而實愈堅強也」。[159] 改中國傳統的寺廟神明奉祀為神社天照大神奉祀，是日本殖民者致力推動並大肆吹噓的同化活動之一。然而，臺灣人民多將神像偷偷藏起或只在神案上多擺一副天照大神牌位做個形式而已。一些臺灣同胞說：「上面叫我們拜，所以才拜，____ 們拜它，但不知道是什麼意思。」[160]

原有的註腳編號還在

應該出現在這裡的註腳內容就不在了

NOTE. 除了不能再修改內容外，也要注意如果要轉製成電子書，這些註腳文字也不再具有連結功能！

53 ┃將註腳文字轉換為章節附註

　　在前一個單元我們提到將註腳文字全部抓出來後，修改為書籍最後面的文末註解（endnote）或參考文獻的形式，但是這樣的方法有一個缺點，就是這些註解文字已經失去了交互連結的功能，如果還需要修改的話，會有很大很大的問題產生。

　　那麼，有沒有什麼辦法讓轉換成文末註解的文字還具有交互連結的功能呢？有的，只要你使用的是 InDesign CC2018 以上的版本，就有一個新增「章節附註」的功能，我們只要選擇「文字＞轉換註腳與章節附註」功能，在跳出的視窗中勾選「註腳轉換為章節附註」，範圍設定為「文件」，按下「轉換」等待一段時間，就可以看到所有的註腳都被轉換為章節附註，也就是一般常說的文末註解。

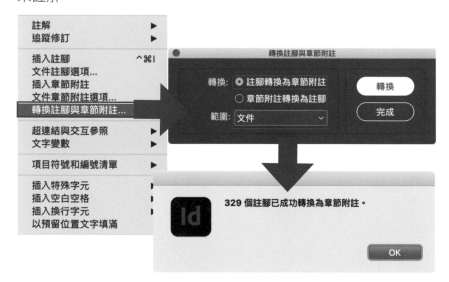

　　轉換完成後，這些註腳文字就會轉成章節附註出現在排版文件的最後面。

章節附註
1 林朝棨．《從地質學說臺灣與大陸的關係》，載《中原文化與臺灣》，臺北市文獻會，1971 年版，第 199—222 頁。
2 石再添主編．《臺灣地理概論》，中華書局，1987 年版，第 13—16 頁。
3 石再添主編．《臺灣地理概論》，中華書局，1987 年版，第 26 頁。
4 石再添主編．《臺灣地理概況》，中華書局，1987 年版，第 86—87 頁。
5 林朝棨．《概說臺灣第四紀的地史並討論自然史和文化史的關係》，載《考古人類學刊》第 28 期。
6 衛惠林．《臺灣土著族的淵源和分類》，載《臺灣文化論集》（一），中華文化出版事業委員會，1954 年版，第 32—33 頁。
7 陳國鈞．《臺灣土著社會始祖傳說》，幼獅書店，1964 年版，第 7—8、66、81—82 頁。
8 張光直．《中國東南海岸考古與南島語族的起源》，載《南方民族考古》第 1 輯，1987 年版。
9 安志敏．《香港考古》，載《文物》1995 年第 7 期。

轉換完成的章節附註文字，後續做好段落樣式的指定就可以了

原來位置的註腳文字已經被轉移為章節附註

　　透過這個方式轉換完成的章節附註文字就具有交互連結的功能，當內文中的註腳被刪掉時，這裡的附註文字也會消失，同理，增加新的章節附註文字也會自動更新排序。

54 | 讓中英文字夾雜的段落文字間距變好看

預設使用中文語系編排中英文字時，經常會看到某些段落因為英文單字比較多、比較長，結果那一個段落看起來的文字間距就很寬鬆。

圖 1-3 列出電腦的五元件架構 (five-component framework)，包括硬體 (hardware)、軟體 (software)、資料 (data)、程序 (procedures；或稱步驟) 以及人 (people)。從最簡單到最複雜的資訊系統都會包含這五個元件。舉例來說，你用電腦寫

注意這一段的文字為了讓英文單字可以完整呈現，文字間距顯得很寬鬆

這種情形主要是因為 InDesign 中文版會把英文單字看成是中文字來編排，所以不會像英文版本在編排英文時，自動產生連字號的處理。

所以我們只要建立一個新的字元樣式，在「進階字元格式」頁籤裡指定「語言：英文：美國」選項就好。

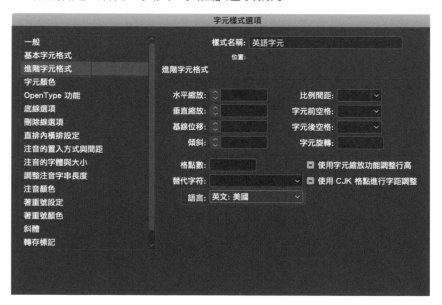

然後在看起來很寬鬆的段落裡，把英文單字套用這個新設定的字元樣式，這樣就可以看到被套用的英文單字，會配合段落邊界產生連字號，這樣整個段落看起來文字間距就漂亮多了。

圖 1-3 列出電腦的五元件架構（five-component framework），包括硬體（hardware）、軟體（software）、資料（data）、程序（procedures；或稱步驟）以及人（people）。從最簡單到最複雜的資訊系統都會包含這五個元件。舉例來說，你用電腦寫報告的時候會用到

← 因為在英文單字上套用了英文語系，所以會自動產生連接號，整段內文看起來就不會間距過於寬鬆

NOTE. 更聰明的方式是在段落樣式中，指定 GREP 樣式，設定 [\u\l] 為這個字元樣式，就不用一次一次改喔！

奇妙的知識：

你知道嗎？這本書的所有文字內容介紹，都是用一般文字工具產生的文字內容，InDesign 有一個「格點工具」，適合用在把所有字元都統一固定在一個位置上，很多的日韓文書籍都很喜歡用這個工具，但是這個工具要用的好，通常就要忽視避頭尾的規則，加上一些文字間距的調整會很不好看，以中文排版來說，通常是政府公家單位會有這樣的字元整齊的要求，平常我是不會用格點工具排版的，一來不實用、二來設定也很麻煩！

55 ▎顯示與取消英文連字

英文字型有些在設計時，會針對像是 ff、fi、fl、ct、st、gy、th 等文字組合作連字設計，這是在 500 年前的金屬活字時代就已經有的規則，甚至在英語圈的編排裡，如果沒有做連字設計就會被認為是不專業的行為。

下圖是一些有做連字處理的英文字型，提供參考。

字型：Palatino

字型：Big Caslon

字型：Garamond Premier Pro

有些連字需要在段落樣式中指定「Adobe 全球適用單行視覺調整」或「Adobe 全球適用段落視覺調整」才能顯示，例如 st 的連字效果。

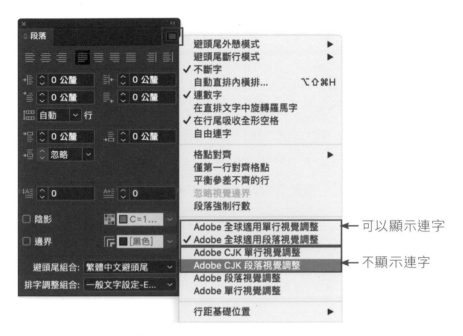

雖然在英語圈連字是很重要的呈現效果,但是中文編排不一定很重要,我就遇到一個客戶要我把 st 上面的連字符號拿掉,這才發現英文連字的顯示切換方式。

取消連字後的 st

56 ｜ 用 GREP 把英文裡的全形逗號修正為半形逗號

　　有時候我們透過一些轉換方式取得的稿子內容，會有一些標點符號的變化，例如原本應該是半形的標點符號，卻變成了全形的標點符號，像是下面的例子來看，這整段英文裡面的逗號應該是半形逗號才對，但就是變成了全形逗號。

> [1]　Alexander G. Huth，Wendy A. de Heer，Thomas L. Griffiths，Frédéric E. Theunissen & Jack L. Gallant. Natural speech reveals the semantic maps that tile human cerebral cortex[J]. Nature，532，453-458 (28 April 2016) doi：10.1038/nature17637.#

有問題的全形逗號

　　還好這個全形逗號的位置是有規則的，它會出現在英文或數字的中間，逗號的後面看起來來有一個半形空格，但不確定是否全都都有半形空格，所以我們就可以利用 GREP 描述式來一次全部尋找變更這些逗號。

　　請在「尋找 / 變更」視窗中的「GREP」頁籤裡，使用如下設定：

☑　尋找目標：[\u\l\d]\K(，\h*)(?=[\d\u\l])
☑　變更為：,

「尋找目標」裡面用的 GREP 描述式解釋如下：

[\u\l\d] 表示英文與數字的集合，\K 是可變式左合樣，也就是左邊要符合英文或數字；\h 是水平空格，* 是零或更多次，(，\h*) 表示全形逗號後面有零個或一個以上的空格；(?=) 是右合樣，(?=[\d\u\l]) 表示右邊要符合應數字的條件。

「變更為」裡面只要輸入半形逗號跟一個空白即可。這樣子全部取代後，就會看到全形逗號變為正常的半形逗號了。

[1]　Alexander G. Huth, Wendy A. de Heer, Thomas L. Griffiths, Frédéric E. Theunissen & Jack L. Gallant. Natural speech reveals the semantic maps that tile human cerebral cortex[J]. Nature, 532, 453-458 (28 April 2016) doi：10.1038/nature17637.#

57 | 快速清除內文中大量的空格與不正常分行

> 　　我在童年時代所獲得的 另一饋贈便是星空 ，因為很少受到 光污染和大氣污染，我的家鄉 有美不勝收的星空。冬夜裡，獵戶座三星蔚為壯觀；夏夜裡，銀河系旋臂清晰可辨。 幾乎每個夜晚，我都滿 心歡喜地仰望那些光華璀璨的星星， 我懵懵懂懂地意 識到萬千星輪都同我們息息相關。所以在我 的筆下總是會出現《大漠尋星人》《灰駿馬》《長城磚》這樣 以璀璨星空為背景的故事 。
>
> 　　我的這套書，之所以命名為「瘋狂外星人」，是因為大
>
> 多數的故事中都有外星人出沒，它們來自宇宙的各個角落，
>
> 樣子千姿百態，且無處不在、無孔不入，稱之為「瘋狂」並 不為過。

　　有些時候需要從 PDF 文件拿來轉製作排版檔，經過轉換製作後，產生出來的文字中有時會看到一堆的空格密布在內文中，如上圖所示。如果只是少許的空格用手工或一般的尋找取代即可清除，但是上圖可以看出有超多且不管是在中文字前後、或是標點符號前後都有大量空格，甚至也有一些不正常分行的段落。

　　這些空格如果不處理的話，多多少少會影響到版面的文字間距，所以基本上還是必須清除，這時候可以用「自動」的方式來幫我們處理掉這些空格會比較好。

　　處理的方式很簡單，就是理解這些空格的存在條件，也就是這些空格出現在中文前後、標點符號前後，那麼我要設定的 GREP 關鍵字就是編點符號 \p{P*}、任意文字 \w，所以 GREP 描述式就可以寫成：

```
(\p{P*}|\w|\d)(\x20+)(\p{P*}|\w|\d)
```

> (\p{P*}|\w|\d) →表示標點符號、或是不含標點符號的文字字元、
> 或是數字
> (\x20+) →表示只搜尋一般空格，不包含分行字元

如此我就可以把這些密密麻麻的空格找出來，下面是匹配找
出來的內容。

得的另一　星空，因　受到光污
空。冬夜　裡，獵戶　故事。

在「尋找 / 變更」視窗中，變更為設定為 $1$3，就可以把這
些空格全刪掉啦～

> NOTE. 這個方法有個限制，就是內文裡不能有英文，否則就會把英文
> 句子整個黏起來，例如 I eat lunch. 就會變成了 Ieatlunch. 了。如果不
> 想要更換到英文句子，可以把 \w 改成 ~K 試試。

接下來是不正常分行的處理。正常的分行應該會以句號為結束，當然也有可能是冒號、驚嘆號、問號、右引號等，因為例外情況會很多，所以可能初期要一個一個去看看內文中有哪些不正常分行結尾字元來設定 GREP，也許沒辦法全部取代，但是比傳統用眼睛去找快速起有效多了！

GREP 描述式就可以寫成：

```
([^。」？ ])(\r)
```

([^。」？]) →表示反向的意思，所以整句是句號、右引號、問號以外的字元，根據不同內文可以再增加例外的結尾字元，例如刪節號、冒號、右括弧、驚嘆號等。
(\r) →一般分行字元。

如此就可以找到這些不正常分行的內容：

我的這套書，之所以命名為「瘋狂外星人」，是因為大
多數的故事中都有外星人出沒，它們來自宇宙的各個角落，¶

多數的故事中都有外星人出沒，它們來自宇宙的各個角落，
樣子千姿百態，且無處不在、無孔不入，稱之為「瘋狂」並 不為過。

在「尋找／變更」視窗中，變更為設定為 $1，就可以快速尋找並確認是否要刪掉這些不正常分行啦～如果指定的結尾字元都沒問題，也是可以一次全部取代喔！

> **NOTE**. 貼心提醒，搭配尋找指定的段落樣式，可以避免將標題也匹配尋找在內。

58 ┃解決複合字體中的英文引號變寬問題

　　在編排中英文內容的圖書（例如英文學習工具書）時，很常會用到「複合字體」這個功能，他可以讓中文字與英文字各自呈現不同的字型，讓文字內容的表現更好。不過在使用複合字體時，有個問題（還是 BUG ？）會產生，就是英文裡的半形單引號與雙引號在複合字體中會自動變為全形字的單引號與雙引號。

　　本來我以為這種情形只會發生在特定的英文字型中，結果我實驗了三種常用的英文字型：Times、Minion 與 Calibri，當使用複合字體時，單引號與雙引號都會變成全形字元，但是如果單純使用英文字型，單引號與雙引號又會變成正常的半型字元。

【Times+ 中文複合字體】

Director:　Glad to meet you, Mr. Rachel. I'm Jiang Lin, director of convention sales department. Cart Service is called "French Service" in the United States and in Germany.

【純 Times 字型】

Director:　Glad to meet you, Mr. Rachel. I'm Jiang Lin, director of convention sales department. Cart Service is called "French Service" in the United States and in Germany.

中英文複合字體與純英文字體的例子－1

【Minion Pro+ 中文複合字體】

Director:　Glad to meet you, Mr. Rachel I' m Jiang Lin, director of convention sales department. Cart Service is called "French Service" in the United States and in Germany.

【純 Minion Pro 字型】

Director:　Glad to meet you, Mr. Rachel I'm Jiang Lin, director of convention sales department. Cart Service is called "French Service" in the United States and in Germany.

中英文複合字體與純英文字體的例子－ 2

【Calibri+ 中文複合字體】

Director:　Glad to meet you, Mr. Rachel I' m Jiang Lin, director of convention sales department. Cart Service is called "French Service" in the United States and in Germany.

【純 Calibri 字型】

Director:　Glad to meet you, Mr. Rachel I'm Jiang Lin, director of convention sales department. Cart Service is called "French Service" in the United States and in Germany.

中英文複合字體與純英文字體的例子－ 3

　　這種情形在正常編排中應該是不可以出現的，可是如果出現太多單引號與雙引號，要逐一修改也很麻煩，因為它們不是真的全形字元，只是被偽裝成全形字元，就算你把它選取了貼在「尋找 / 變更」中去做取代也沒用。

　　一種方法是 Adobe 改善這個 Bug，或是有其他我不知道的解決方式。另一種我知道的處理方式就是用 GREP 樣式去取代這些被偽裝的全形字元。

　　方法是這樣的，在 GREP 樣式中輸入 GREP 描述式：[''']，套用到一個英文字形（只要是英文字形都可以）的字元樣式。

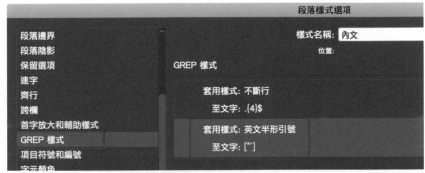

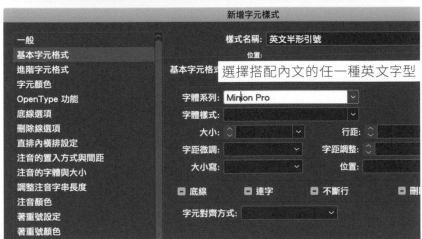

　　這樣子就會把被複合字體轉全形的引號字元再強迫轉回半形字元，也就會變成正常的現象啦！

59 ▌快速找出粉紅色狀態的遺失字符文字

在編排中文書籍內容時，大家應該都有發現內文中出現粉紅色的遺失字符狀態的經驗，通常這種情形並不是內文文字遺失，而是提供文字檔的人在輸入文字時，可能不小心選到了簡體字型，造成繁體字型辨識不出的情形，也就產生了粉紅色的遺失字符狀態。

通常美編或編輯都會很苦命地一頁一頁檢查，雖然編輯本來就是要仔細檢查內文正確性，但是如果美編（或編輯）在 InDesign 中可以快速解決掉這些問題，對校對流程也算是幫了大忙。下面就來說說怎麼快速解決吧～

在 InDesign 的最下方有兩個下拉功能面板就是本節教學的重點，下圖左邊第一個下拉面板是預檢面板的描述檔選擇，右邊則是預檢效果的檢查結果，再右邊有個功能選單按鈕，按下後可以開啟／關閉預檢面板。

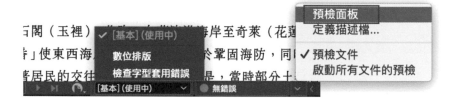

請先在最右邊的功能選單按鈕中選擇「預檢面板」來開啟「預檢」面板，再按下右上方的功能按鈕選擇「定義描述檔」，如下圖所示。

然後參考下圖的順序，讓我們來建立一個新的描述檔，這個描述檔主要是要用來檢查遺失字符的，所以我只在「文字」中展開，勾選其下的「字符遺失」。

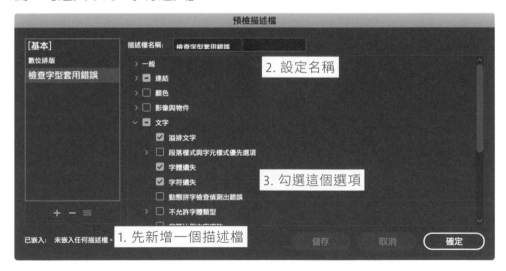

設定完成後，回到我們剛剛開啟的「預檢」面板，在右上方的「描述檔」選項中選擇剛剛建立的描述檔，這時候就會看到相關的檢查結果，如果有錯誤的話就會像下圖這樣子。

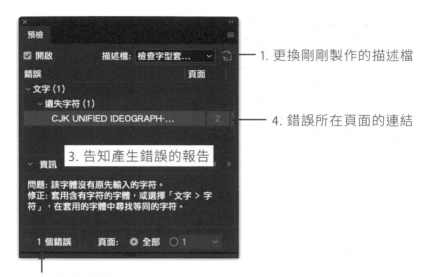

1. 更換剛剛製作的描述檔

4. 錯誤所在頁面的連結

3. 告知產生錯誤的報告

2. 檢查出錯誤

選擇錯誤所在頁面的橙色頁碼連結，就會跳轉到錯誤的頁面，並且會直接把文字選取起來。這裡看到粉紅色的遺失狀態主要是為了讓讀者看看截圖才取消文字選取狀態喔～

> 間的人為壁壘，使漢族居民與土著居民間得到往來交流的自由
> 生活中的若干桎梏，使人民的物質生產與物資流通得到自由，變
>
> 　　沈葆楨提出這些改革，主要是　推動臺灣土地的開發、特別
> 而鼓勵後山的墾殖，又與所謂「撫番」，即加強對土著居民的治
> 項工作在處理日本侵台事件時已經著手，「撫番」與所謂「開山
> 行，這也是著眼於安撫內部，加強海防，因而絕非權宜之計，而

由於是空白的文字顯示，那麼怎麼辨識這個文字是什麼呢？很簡單，只要按下 cmd / Ctrl + F 開啟「尋找 / 變更」視窗，在「尋找目標」中貼上粉紅色顯示的文字，就會看到那個遺失文字究竟是什麼字了。以下圖來說，是一個簡體字的「为」，所以只要輸入

正確的繁體字「為」，然後按下「全部變更」，就可以把所有粉紅
遺失字符的字全部改好！

60 ▎優化直排文字的文字間距

　　InDesign 有個優化文字間距的功能，叫做「文字間距設定」（InDesign CC2020 版改名為「排字調整設定」），但是這個功能在做直排時，很明顯地會有些不足地方。例如下圖下方是一頁直排文字，注意看冒號與書名號（：〈）的文字間距是有點開的（紅框標示處），這個內文的段落樣式是有套上「文字間距設定」優化過，不信你看上面另外抓出來的一段橫排文字中，冒號與書名號（：〈）的文字間距就是很正常的。

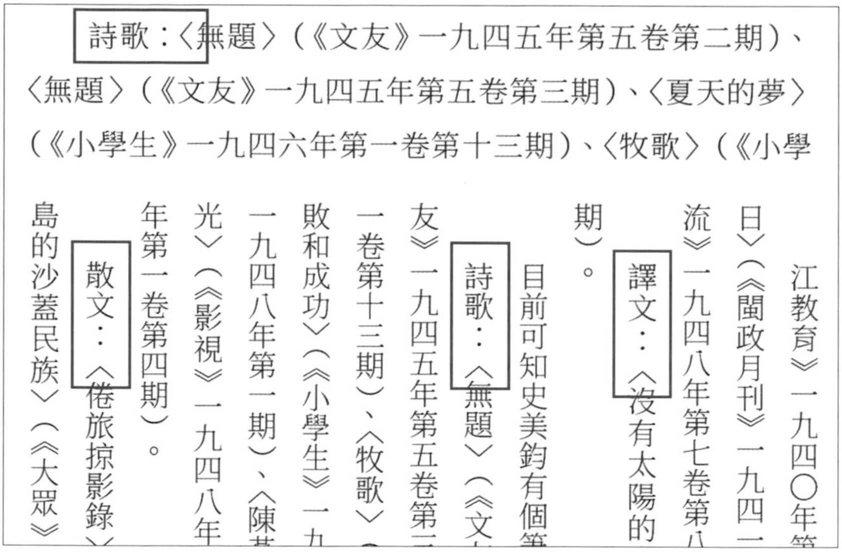

詩歌：〈無題〉（《文友》一九四五年第五卷第二期）、〈無題〉（《文友》一九四五年第五卷第三期）、〈夏天的夢〉（《小學生》一九四六年第一卷第十三期）、〈牧歌〉（《小學

島的沙蓋民族〉（《大眾》

散文：〈倦旅掠影錄〉

年第一卷第四期）。

一九四八年第一期）、〈陳某

光〉（《影視》一九四八年

詩歌：〈無題〉（《文

敗和成功》（《小學生》一九

一卷第十三期）、〈牧歌〉〈

友》一九四五年第二

目前可知史美鈞有個筆

譯文：〈沒有太陽的

期）。

流》一九四八年第七卷第八

日〉（《閩政月刊》一九四

江教育》一九四〇年第

　　我把上面的例子再簡化一些，分成直排與橫排。

這兩邊文字的段落樣式裡，都有套上優化的「文字間距設定」（「排字調整設定」），而且已經是極限的 -50% 間距，在橫排的表現上非常好，但是直排就很糟糕。

這個問題表示，InDesign 在橫排的能力確實比直排好，簡單說就是對中日韓體系的編排沒那麼細心。那麼要怎麼處理這種問題呢？其實不管也沒差，但如果你是很注重細節的，就可以用 GREP 樣式來拯救一下。只要把想的到的左引號跟冒號結合在一起，輸入下面這一行：

```
:[【《(「〈
```

然後指定套用比例間距 50% 的字元樣式即可。

段落樣式選項

樣式名稱: P-一般內文
位置:

段落嵌線
段落邊界
段落陰影
保留選項
連字
齊行
跨欄
首字放大和輔助樣式
GREP 樣式
項目符號和編號
字元顏色
OpenType 功能
底線選項

GREP 樣式

套用樣式: 不斷行
至文字: .{3}$

套用樣式: 直排音界號
至文字: ・

套用樣式: ：「
至文字: ：[【《（「〔

套用樣式: 兩倍破折號

字元樣式選項

樣式名稱: ：「
位置:

一般
基本字元格式
進階字元格式
字元顏色
OpenType 功能
底線選項
刪除線選項
直排內橫排設定
注音的置入方式與間距
注音的字體與大小
調整注音字串長度
注音顏色
著重號設定

進階字元格式

水平縮放: 　　　　比例間距: 50%
垂直縮放: 　　　　字元前空格:
基線位移: 　　　　字元後空格:
傾斜: 　　　　字元旋轉:

格點數:　　　　☑ 使用字元縮放功能調
替代字符:　　　　☑ 使用 CJK 格點進行字
語言:

這樣子就會看到直排文字的冒號與後面的左引號的間距就變得好看多了，只是看看右邊橫排文字卻擠壓在一起，所以這個方法只適用於直排文字，橫排文字只要有做好文字間距設定，基本上就會顯示得很漂亮。

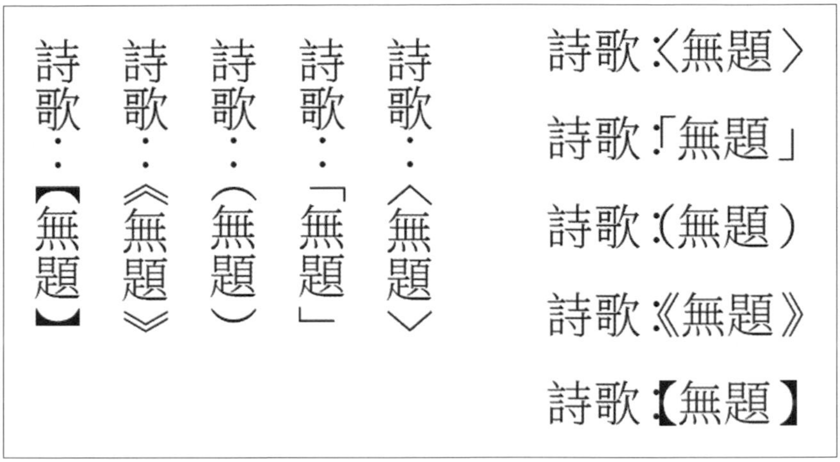

詩歌：〈無題〉
詩歌：「無題」
詩歌：(無題)
詩歌：《無題》
詩歌：【無題】
詩歌：〈無題〉
詩歌：「無題」
詩歌：(無題)
詩歌：《無題》
詩歌：【無題】

其實上面的例子還有一點小瑕疵，就是冒號（：）被壓縮往上，與上面的文字貼得有點近，這時候在 GREP 裡加入 \K，改成：

```
：\K[【《（「〈]
```

這樣冒號就不會跟上面的文字太貼了喔～

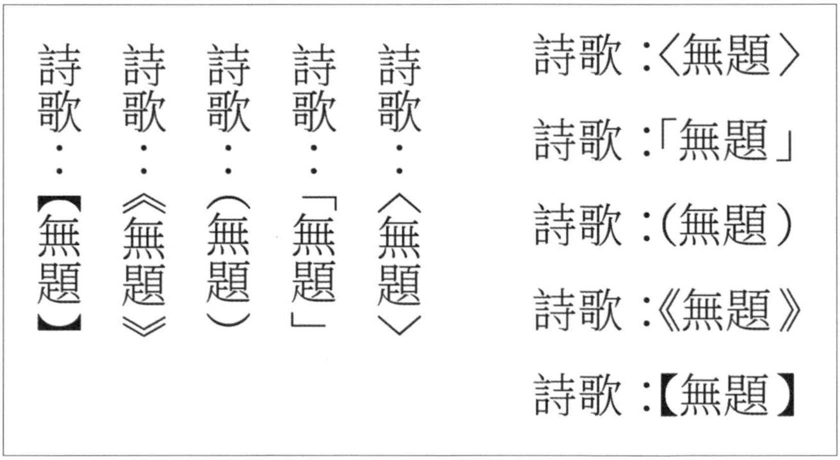

詩歌：〈無題〉
詩歌：「無題」
詩歌：(無題)
詩歌：《無題》
詩歌：【無題】
詩歌：〈無題〉
詩歌：「無題」
詩歌：(無題)
詩歌：《無題》
詩歌：【無題】

這些調整設定沒有一定的標準答案，純粹要看遇到的狀況去做調整，但因為有了一些堅持（或龜毛），可以讓你的編排看起來更好看喔～

61 ▎中文國字數字小寫排版間距問題

　　在 InDesign 的中文排版認知中，國字數字小寫的一二三四五六七八九十屬於數字類型（上一排文字在紙本編排上可以看出一些端倪，後面再解釋），雖然用 GRPE 尋找 \d 不會找到這些國字數字，但是在 InDesign 的編排設定中，它們就會被當成數字，並且可能產生一些我們覺得不應該有的問題，例如下面的一段文字例子（與前面第一行文字）：

　　吳國倫，字明卿，武昌興國（今屬湖北）人，生於嘉靖三年正月二十二日（西元一五二四年二月二十五日），嘉靖二十八年（西元一五四九年）中解元，嘉靖二十九年（西元一五五〇年）中進士，初授中書舍人，後擢兵科給事中。

　　會用到國字數字的書籍類型，很多是跟中國歷史有關的書或是直排書，上面的文字中把國字數字小寫改成阿拉伯數字編排，其實不會有什麼問題，但是中文編輯可能就會很堅持這種「道統」，一定要國字數字小寫，所以就會看到這段文字的字元間距感覺有點空空的，本文第一段文字的第一行也是基於這個原理，可以看到文字間距更寬廣的問題。

　　這個問題產生於段落樣式中的「日文排版設定＞連數字」這個選項。

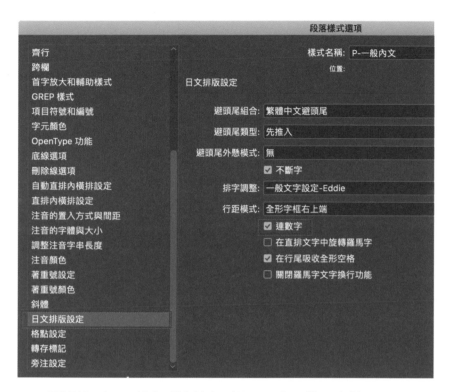

　　預設情形下，這個「連數字」選項是啟用的，也就是 InDesign 把國字數字小寫當成數字，並且要求連在一起，所以範例圖片中第三行的「一五二四」這四個數字不能拆開，導致第二行的文字看起來文字間距稍寬。解決的方法超簡單，不用手動去調整文字間距，而是把「連數字」取消勾選。

　　然後我們就會看到下面的文字編排，「一五二四」被我們狠心地拆開，「一五二」擠到第二行、「四」留在第三行，然後整段的文字編排看起來清爽多了～

　　　　吳國倫，字明卿，武昌興國（今屬湖北）人，生於嘉靖三年正月二十二日（西元一五二四年二月二十五日），嘉靖二十八年（西元一五四九年）中解元，嘉靖二十九年（西元一五五〇年）中進士，初授中書舍人，後擢兵科給事中。

　　那麼，讀者有沒有注意到我一直在描述這個數字是中文國字數字「小寫」呢？其實中文國字數字大寫就是用在紙幣上的壹貳參肆伍陸柒捌玖拾，使用的時機更少，不過慶幸的是，InDesign並沒有把中文數字國字大寫當成數字看待，例如我把原本的範例文字改成下面的樣子，就沒看到原本的文字字元間距過寬的問題。

　　　　吳國倫，字明卿，武昌興國（今屬湖北）人，生於嘉靖參年正月貳拾貳日（西元壹伍貳肆年貳月貳拾伍日），嘉靖貳拾捌年（西元壹伍肆玖年）中解元，嘉靖貳拾玖年（西元壹伍伍〇年）中進士，初授中書舍人，後擢兵科給事中。

關於表格的設計

　　在一般的認知裡，在 Word 裡面製作表格是很正常的事情，但是在 InDesign 裡卻不一定會有人把做（畫）表格這件事當成很正常，就是我剛開始學習排版軟體時，也曾經有過自己畫線做出假表格出來，只是後來遇到那種老經驗的美編竟然也是用畫線畫出來的假表格時，就覺得很驚奇！

　　除了這種驚奇的美編外，更多的美編是畫出表格了，卻沒有好好用表格樣式與儲存格樣式來定義畫好的表格。

　　畫表格，就是指做出表格樣式與儲存格樣式，這兩種樣式就像段落樣式一樣，當你做好樣式後，後面需要統一修改屬性設定，例如與表格前後的距離、線條粗細顏色、填色與否等等，都可以一併修改，不需要一個一個逐一修改，更重要的是，如果你要轉換成電子書時，表格樣式與儲存格樣式能把文字內容真正轉換成表格內容。

　　這一章就來說說畫表格的正常流程吧！

62 | 文字轉成表格的方式

　　將文字轉成表格的方式，通常有三種來源，第一種是純文字稿件，這種稿件建議在表格裡的各個分欄位置要設定定位點區隔，分行位置設定分行符號（在這裡簡稱「格式好的文字」），例如下面這段文字就是表格的純文字表現方式：

原始狀況　　　有許多不確定的因素，結構和功能模型都無先例的課題
問題來源　　　來源於不同的知識領域
解題所需的知識範圍　淵博的知識和脫離傳統概念的能力
困難程度　　　複雜問題
轉換規律　　　運用效應知識庫解決發明問題
解題後引起的變化　　使系統產生極高的效能，並將會明顯的導致相近技術系統改變的「高階發明」

　　使用這樣的方式後，將文字選取後選擇「表格＞將文字轉換為表格」，在出現的對話框中「欄分隔元」下拉欄位就可以選擇預設的「定位點」，「列分隔元」保留預設的「段落」，就可以把這個格式好的文字改成表格內容。

　　這樣子轉好之後，就是一個粗糙的表格雛形。

原始狀況»有許多不確定的因素，結構和功能模型都無先例的課題¶

問題來源»來源於不同的知識領域¶

解題所需的知識範圍　»　淵博的知識和脫離傳統概念的能力¶

困難程度»複雜問題¶

轉換規律»運用效應知識庫解決發明問題¶

解題後引起的變化　»　使系統產生極高的效能，並將會明顯的導致相近技術系統改變的「高階發明」¶

原始狀況#	有許多不確定的因素，結構和功能模型都無先例的課題#
問題來源#	來源於不同的知識領域#
解題所需的知識範圍#	淵博的知識和脫離傳統概念的能力#
困難程度#	複雜問題#
轉換規律#	運用效應知識庫解決發明問題#
解題後引起的變化#	使系統產生極高的效能，並將會明顯的導致相近技術系統改變的「高階發明」#

這是最基礎的表格轉換，尚未設定任何樣式的雛形

　　第二種表格來源是來自於 Word 的表格，把 Word 裡的表格文字全部選取貼入 InDesign 中，就會自動轉成前述格式好的文字，接著再照之前的方式轉換成表格即可。

原始狀況	有許多不確定的因素，結構和功能模型都無先例的課題
問題來源	來源於不同的知識領域
解題所需的知識範圍	淵博的知識和脫離傳統概念的能力
困難程度	複雜問題
轉換規律	運用效應知識庫解決發明問題
解題後引起的變化	使系統產生極高的效能，並將會明顯的導致相近技術系統改變的「高階發明」

將 Word 裡的表格內容全部選取拷貝貼入到 InDesign

　　除了直接從 Word 裡把文字貼入外，我們也常會用「置入」的方式把 Word 置入到 InDesign 中，如果有勾選「顯示讀入選項」，在跳出的對話視窗中選擇「保留文字與表格中的樣式及格式設定」，這樣置入進來的表格就會直接先套上未定義的表格，這樣更方便許多，之後也是需要修改表格樣式與儲存格樣式即可。

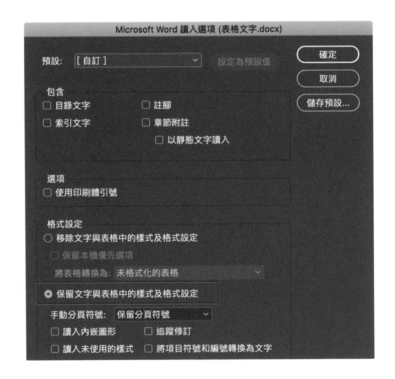

原始狀況#	有許多不確定的因素，結構和功能模型都無先例的課題#
問題來源#	來源於不同的知識領域#
解題所需的知識範圍#	淵博的知識和脫離傳統概念的能力#
困難程度#	複雜問題#
轉換規律#	運用效應知識庫解決發明問題#
解題後引起的變化#	使系統產生極高的效能，並將會明顯的導致相近技術系統改變的「高階發明」#

透過 Word 置入進來的表格，稍微有帶點樣式效果

　　第三種來自於 Excel 的表格，一樣選取文字貼入 InDesign 裡也是會自動轉化成格式好的文字，如果要產生自動的表格，就也是用置入的方式即可。

	A	B	C	D	E	F	G
1	原始狀況	有許多不確定的因素，結構和功能模型都無先例的課題					
2	問題來源	來源於不同的知識領域					
3	解題所需的知識範圍	淵博的知識和脫離傳統概念的能力					
4	困難程度	複雜問題					
5	轉換規律	運用效應知識庫解決發明問題					
6	解題後引起的變化	使系統產生極高的效能，並將會明顯的導致相近技術系統改變的「高階發明」					
7							

可以直接選取 Excel 的表格內容貼入到 InDesign

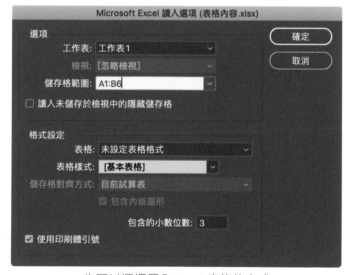

也可以選擇置入 Excel 表格的方式

原始狀況#	#
問題來源#	來源於不同的知識領域#
困難程度#	複雜問題#
轉換規律#	#
解題後引起的變化#	#

透過 Excel 置入進來的表格，也會自帶樣式效果

　　所以，如果一本書裡有表格資料，我會建議編輯（或編輯建議作者、或美編建議編輯）把所有的表格存在一個 Word 或是 Excel 表裡，讓 InDesign 置入產生會比較有效率。你可能會問，Word 裡就有內文跟表格了，幹嘛還要再另存一個表格的檔案呢？因為 Word 本身就是一個很麻煩的格式，載入 Word 格式的檔案進行製作不見得是一件好差事，除了像是 P.092 的〈快速清除段落的優先選項〉提到的字型錯亂外，在 P.061 的〈選擇匯入 Word 的時機〉提到的問題都是美編寧願放棄 Word 置入改換純文字貼入的原因，這時候你給他一個很純的表格資料，他會心花怒放、感恩戴德啊～

> **NOTE**. 如果編輯（或作者）真的能夠把表格資料另外存檔，我會建議存在 Excel 裡，因為置入 Excel 時可以從「表格樣式」下拉選單中選擇已設定的表格樣式，這對美編套用表格樣式來說可以省下更多時間。至於 Word 則是沒有這項便利的功能選項。

63 ▍表格樣式的設定

　　當我們做完表格的雛型轉換後，接下來就可以先設定它的表格樣式。首先選擇「視窗＞樣式＞表格樣式」指令，把「表格樣式」面板叫出來，通常「儲存格樣式」面板也會跟著一起出來。

　　這時候選取全部的表格文字，在「表格樣式」面板中按下新增的按鈕，就可以指定一個新的表格樣式。在「表格樣式選項」視窗中，第一個要設定的是「樣式名稱」，這個名稱建議用英數字，因為它在電子書轉換時，是 CSS 裡的 <table> 表格類別名稱。

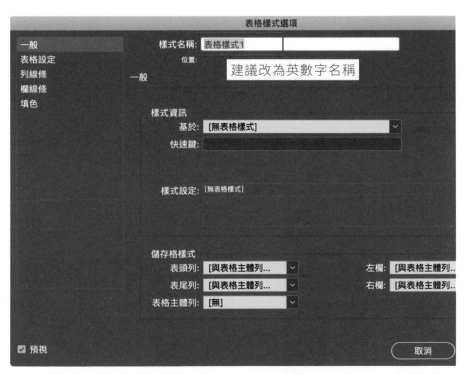

在「一般」頁籤中，表格數量多時可以設定快速鍵，「儲存格樣式」的設定有兩種建議：第一種全部忽略不要設定，由儲存格樣式來覆蓋使用；第二種僅設定「表格主體列」的樣式即可（指定後面提到的儲存格樣式），其他欄位依照需求再覆蓋其他的儲存格樣式（如首列、左欄、右欄等重點欄位），這個方式對於很簡單的表格來說，也是一種很便利的快速設定。

NOTE. InDesign 的表格定義如下圖：

表頭列	表頭列
表格主體列（左欄）	表格主體列（右欄）
表格主體列（左欄）	表格主體列（右欄）
表格主體列（左欄）	表格主體列（右欄）
表格主體列（左欄）	表格主體列（右欄）
表尾列	表尾列

一般我們製作完成的表格都是「表格主體列」的內容，並不包含「表頭列」與「表尾列」，這兩列需要選擇「表格＞表格選項＞表頭與表尾」指令，在這個「表格選項」視窗中另外加入才行，而且這兩列又是跟表格主體列為不同獨立的區塊（沒辦法同時選取），所以一般非特意情形下，不會浪費時間再去做這種設定。

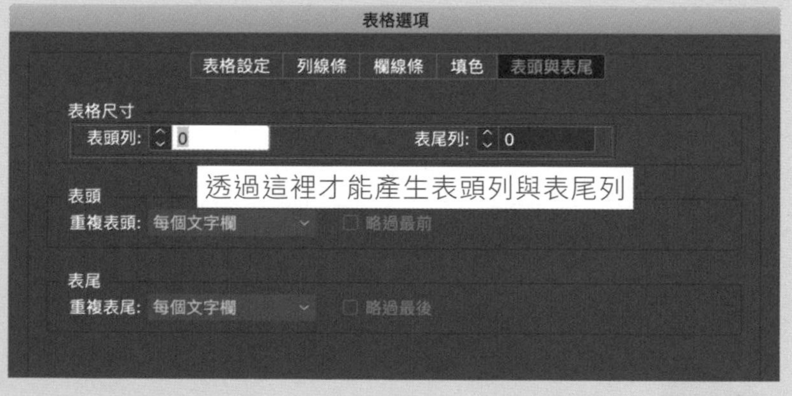

表格選項

表格設定　列線條　欄線條　填色　**表頭與表尾**

表格尺寸
表頭列：○ 0　　　　表尾列：○ 0

透過這裡才能產生表頭列與表尾列

表頭
重複表頭：每個文字欄　∨　□ 略過最前

表尾
重複表尾：每個文字欄　∨　□ 略過最後

在「表格設定」頁籤中，只建議調整「表格間距」，這是表格跟上下文的間距設定，有關編排好看的細節設定，其他的都不用動，因為動了也沒屁用。

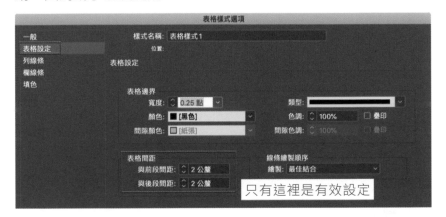

「列線條」與「欄線條」頁籤中的設定也不用動。

「填色」頁籤加減可以設定調整，但是會被儲存格樣式覆蓋，請自己斟酌參考。

整體來說，表格樣式我認為只是一個需要命名好的骨架，比較建議的是表格與上下文的行距調整，其他地方都不用設定，重點是接下來要說的儲存格樣式。

64 | 儲存格樣式的設定

決定表格的外貌長相來自於儲存格的設定，儲存格樣式一樣
建議用英數名稱命名，因為它會是電子書轉換中 CSS 的 <td> 類
別名稱。

在「儲存格樣式」面板中按下新增按鈕，會出現「儲存格樣式
選項」視窗，就可以開始建立一個儲存格樣式，通常一個表格基
本上會至少設定兩個儲存格樣式，第一個是主要的儲存格內容，
也就是 InDesign 定義的表格主體列，另一個是用於標題的首列儲
存格，很像但不是 InDesign 定義的表頭列喔！

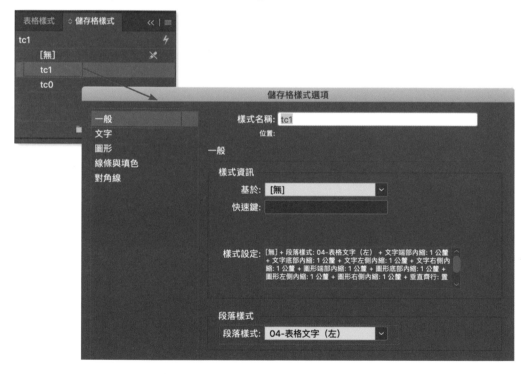

我們先說第一個儲存格樣式，在「一般」頁籤中，絕對要指
定好要當作表格文字的段落樣式。

在「文字」頁籤中，「儲存格內縮」可以在這裡調整，或是調整表格文字的縮排；「垂直齊行」通常建議選擇「置中對齊」，其餘的基本上不用調整。

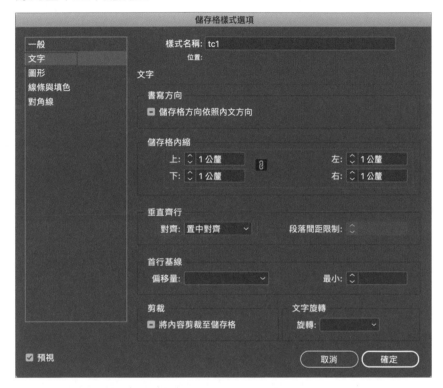

「圖形」頁籤是在有插入圖片在儲存格內時才去做調整。

「線條與填色」頁籤很重要，用來調整儲存格的邊線與填色，這裡的設定可以覆蓋表格樣式中填色資料。

「對角線」頁籤則是少數的應用，有需要再去做調整。

以上就是儲存格樣式的設定說明，基本上最重要的就是調整儲存格內的段落樣式、框線粗細顏色與填色這幾樣。當設定完第一個儲存格樣式後，我會用這個儲存格樣式來新增一個給首列用的儲存格樣式，通常會是加入填色與更換段落樣式，這個儲存格樣式就會出現「基於：」前一個儲存格樣式的資訊。

65 ┃套用表格樣式與儲存格樣式

　　表格樣式與儲存格樣式都設定好之後，就可以來套用這些設計好的表格樣式與儲存格樣式，第一個步驟是指定骨架的表格樣式。

　　選取未設定的表格直接進行更換表格樣式，或者在我們要將文字轉換成表格時，在「表格樣式」選單中就可以選擇已存在的表格樣式，省下後面逐個套用的時間。

　　如果使用 Excel置入，還可以直接選擇表格樣式，是最棒的置入方式了。

　　套完表格樣式後，第二個步驟是全選表格，套上第一個儲存格樣式（表格主體列），如果在表格樣式有指定表

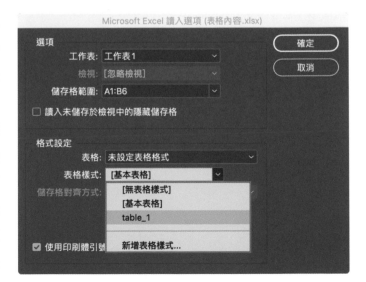

格主體列的話，這個步驟可以省略。

　　第三個步驟是針對標題的部分套上第二個儲存格樣式，也就是一些重點文字的欄位，像是第一列或是左邊欄位等，完成這三個步驟後，正確表格資料就設計完成，如果後續要轉換電子書的話，這些資料只要在 CSS 那邊有對應的類別名稱與設定，就不用再另外重新處理喔～

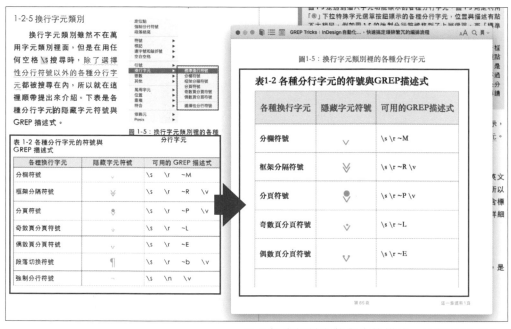

只要設定好儲存格與表格樣式，並對接好 CSS，
電子書的表格就會自動呈現想要的樣子

66 | 跨頁表格設計

　　表格設計最怕遇到欄位數很多的資料，這是因為書籍本身是橫邊較短的長型文件，列數多的表格可以往下一頁繼續呈現出來，但是欄位數很多的表格就會受限於文件版心的寬度，而要調整表格裡的文字與間距大小，其結果可能就會產生儲存格內的文字很小很不好閱讀。

　　有一種普遍的做法是把表格轉九十度，這樣橫邊的長度就足夠展開整個表格，但是缺點是讓讀者歪著頭來看這個表格，所以閱讀體驗不太好。

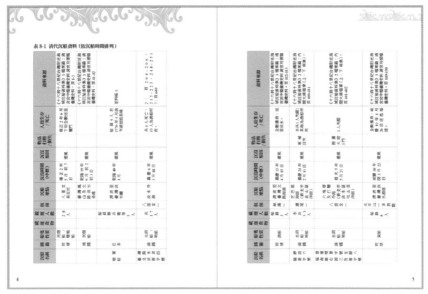

當表格橫欄過多時，常見的一種排法是轉 90 度

　　比較好的方式是將表格設定成跨頁的形式，在版心內邊界的地方新增一個空白欄位，這樣既可以讓表格完整呈現，也不會破壞原來設定的表格文字大小。

表 8-1 清代沉船資料（依沉船時間排列）

沉船名稱	國籍	船隻性質	載運貨物	載運人數	航線	沉船地點		沉沒時間（中曆）	沉沒原因	物品打撈／損失	人員生存／死亡	資料來源
	廈門	民間船／雙桅船		28 人		八里坌港豆坑		確正 2 年 5 月初 7 日	颶風		確正 2 年 6 月下旬全數返至廈門	《十六到十八世紀台灣附近海域沉船資料彙》3 檔案彙：清宮宮中檔臺灣史料 清宮月摺檔臺灣史料，頁 1-3
	清國	河閩船				臺灣鳳山及支路沉水各處 1		乾隆 19 年 9 月初 2 初 3 日	颶風			《十六到十八世紀台灣附近海域沉船資料彙》3 檔案彙：清宮宮中檔臺灣史料 清宮月摺檔臺灣史料，頁 41-42
怡萬船	日本		船員搬共貨等 5 人			澎湖至臺灣淡水嶼		蛇隆 40 年 1 月	颶風		船員 5 人於 1776 年 1 月由 乍蒲返送返長崎	記料報 3
臺灣北路淡水營波字四雙	清國	水師船／哨船	兵 17 人		八里坌一	淡水外海		嘉慶 6 年 3 月 18 日	颶風		兵 4 人死亡，13 人為漁船所救	2：頁 204-206、215-223、248-251 7：頁 640
	琉球	商船	船員 3 人		桅折一	漂流至臺灣北路海		嘉慶 13 年 4 月 15 日	颶風		全數獲救，送至淡水	《十六到十八世紀台灣附近海域沉船資料彙》3 檔案彙：清宮宮中檔臺灣史料 清宮月摺檔臺灣史料彙（上），頁 112-113
艇艀發波字六雙	清國	水師船／哨船	水兵 13 人		鸕尾一	芝巴里海嶼（新北市金山區外海）		嘉慶 24 年 2 月 9 日	颶風波風		水兵 1 人失蹤，其餘為漁船所救	《十六到十八世紀台灣附近海域沉船資料彙》2 檔案彙：內閣大庫檔案（上、下視集），頁 400-411
福建海壇標標右營國字三號及左營勝字八號	清國	水師船／哨船			八里坌一	六塊厝及打鞭外海（新北市淡水區屯山里洋面）		道光 5 年 5 月 21 日	颶風	圓滿大廓 1	3 人失蹤	《十六到十八世紀台灣附近海域沉船資料彙》3 檔案彙：內閣大庫檔案（上、下視集），頁 441-442
	琉球	貨船	船員 8 人		太平山一多良嶼	漂流至臺灣淡水海嶼		咸豐 10 年 3 月 22 日	颶風		全數獲救，或溺斃 10 年 4 月 26 日送返琉球	《十六到十八世紀台灣附近海域沉船資料彙》2 檔案彙：清宮宮中檔臺灣史料 清宮月摺檔臺灣史料彙，頁 149-150
Escape (official No. 43,847)	美國	雙桅蒸汽帆船 (brig)	華麗的船貨	牛莊 (Niewchwang，今為營口）一香港	淡水潭西南方 30 哩的 Pak-sa Point			同治 9 年 9 月 8 日	船隻擱淺在民議旁的雙桅一索引一金船貨和文件		船員 經過 Channel 至 廈門	Irish University Press area studies series, British parliamentary papers: China, (Shannon: Irish University Press, 1971)．第 10 冊頁 96。

利用跨頁的長度優點，將表格做跨頁處理

NOTE. 但是這種欄位過多的表格，放在電子書裡其實也是很難閱讀的一種格式，所以要不要把它轉九十度也是可以考量的。

此外，也要考量可以讓表格剛好出現在跨頁開頭的位置。

67 | 快速處理表格儲存格間距過大問題

有時候我們匯入的表格資料，在經過樣式與大小整理後，會發現每一個儲存格的間距（高度）過大，而這些間距過大的儲存格顯然不是我們想要的，所以我們就要把它調至適中的大小，也就是我們在儲存格樣式中設定好的間距。

3 public relations#	公共關係#
4 collateral material#	輔助宣傳材料#
5 premium#	贈品#
6 高消費階層的#	upscale #
7 名人#	celebrity #
8 廣告宣傳品#	advertising specialty#
9 新聞發佈#	news release#
10 戶外廣告#	outdoor advertising#

通常我們會用游標去拖拉那個表格線條來符合最適大小，但是如果儲存格很多、表格很多，這樣是很浪費時間的。我目前在表格樣式、儲存格樣式中沒有找到文字框選項那樣的自動調整大小功能，不過我們還是可以轉個彎，用另外的自動方式來調整儲存格的間距大小。

首先，我們先把整個表格選取起來。

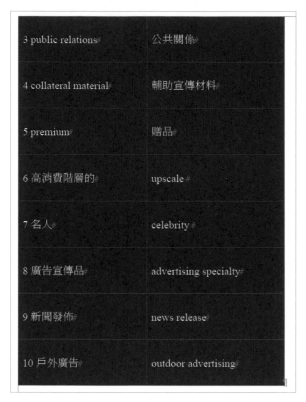

接著在右上方的控制選項中，可以看到表格的一些設定選項，有一個上下間距「至少」欄位右方有個輸入欄位，就是設定儲存格的間距大小。

這個輸入欄位有個輸入限制，就是 1.058 ～ 200mm 之間。

我們就輸入一個超低的數值，比儲存格中的文字小的數值，例如 1.5mm。

因為輸入的數值比儲存格最低的高度還小，所以就會強迫儲存格縮到儲存格樣式設定好的間距高度。

3 public relations#	公共關係#
4 collateral material#	輔助宣傳材料#
5 premium#	贈品#
6 高消費階層的#	upscale #
7 名人#	celebrity #
8 廣告宣傳品#	advertising specialty#
9 新聞發佈#	news release#
10 戶外廣告#	outdoor advertising#

這樣子一個動作就把儲存格間距調到最適高度，非常方便吧～

68｜跨欄（頁）表格自動產生首列標題欄位

經常會有遇到資料很多的表格在一頁的範圍裡不夠用，表格的內容需要延伸到下一頁、甚至很多頁的情形。這時候通常會需要在不同頁表格的最上方顯示首列標題欄位，這樣讀者在翻閱不同頁面時，才知道當下儲存格裡的內容是對應什麼分類。

以下我們就用一個例子做說明：

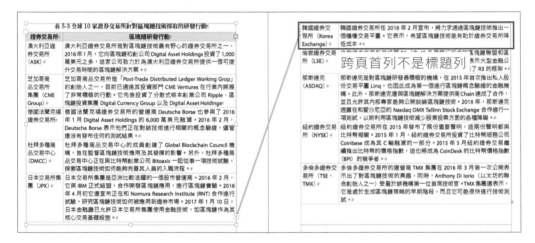

在上圖的例子裡，我們只要選取了第一列標題欄位，然後按下右鍵選擇「轉換為表頭列」。

這樣就會看到下一頁的表格最上方會出現第一列的標題欄位了。

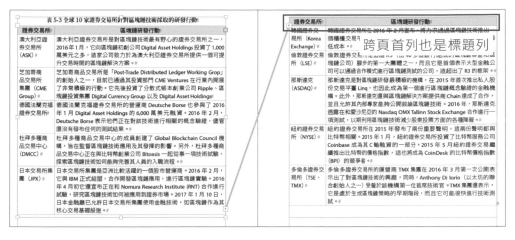

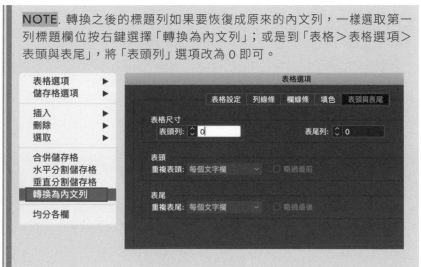

NOTE. 轉換之後的標題列如果要恢復成原來的內文列，一樣選取第一列標題欄位按右鍵選擇「轉換為內文列」；或是到「表格＞表格選項＞表頭與表尾」，將「表頭列」選項改為 0 即可。

69 ┃製作圓角的表格內容

InDesign CC 2018 以上版本可以製作可愛的圓角表格,主要是因為用到了段落陰影中的「轉角大小與形狀」的功能,簡單設定後就可以製作出如下所示的成果。

主標題	分類A	分類B
項目A	說明1	說明5
項目B	說明2	說明6
項目C	說明3	說明7
項目D	說明4	說明8
底標題	結尾A	結尾B

上圖的例子中,共做了 6 種段落樣式,分別指定了上下左右兩邊的圓角形狀、中間標題與一般表格內容的段落樣式。

基本上的設定原理就是指定某一角落的形狀為圓角,在偏移量的地方,設定了 0.25 公釐可以讓表格間的間隙小一點。除了表格內文的段落樣式外,其餘 5 個表格標題的段落樣式設定如下:

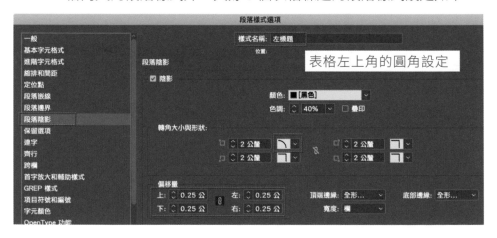

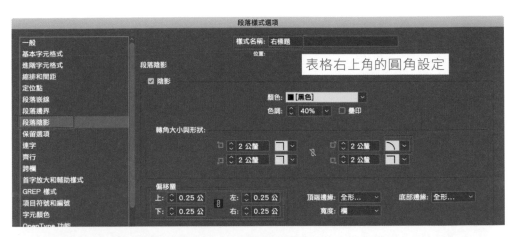

表格右上角的圓角設定

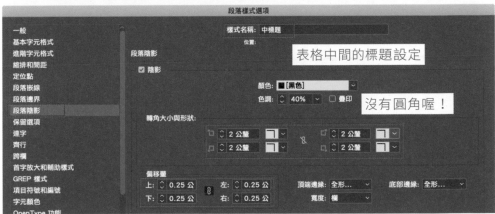

表格中間的標題設定

沒有圓角喔！

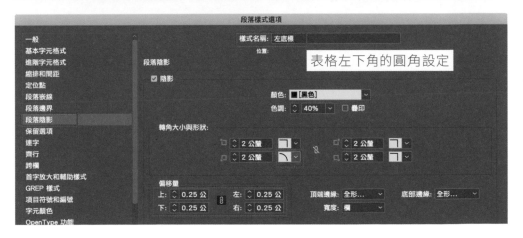

表格左下角的圓角設定

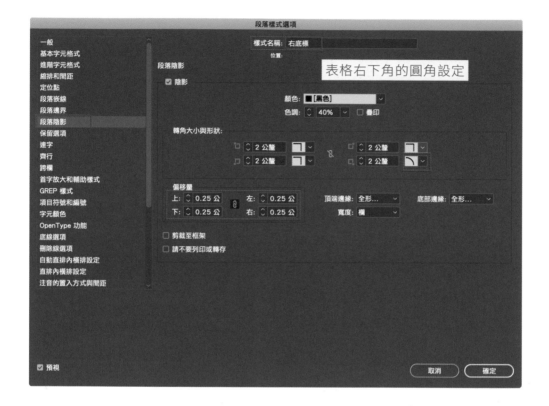

CH06
關於目錄的設計

　　目錄通常是在一本書初稿全部完成後，才會進行的一項自動產生文件的工作，也是用來考核我們在內文編排上有沒有用錯標題結構的好工具。對讀者而言，目錄可能是他們除了封面外的第一印象，也是他們在翻閱書籍時很常用到的一份文件內容，所以不製作出錯誤頁碼為第一個優先選項，接著是如何做出好看的目錄設計。在這前提之下，我還希望大家可以知道用「自動」的方式去更新，避免手動更改時沒有即時的修正錯誤。

　　那麼如何可以達到「自動」更新呢？只要前面幾章的基礎有打好，大家產生出來的目錄就不會有太誇張的問題！

70 | 讓第二行目錄文字的頁碼自動貼齊邊界

在製作目錄的時候，如果標題的字數過多就很容易產生第二行的現象，第二行並不是什麼大問題，但就是有一種很尷尬的情形，標題的文字字數剛好擠到後面的頁碼文字，導致後面的目錄頁碼被擠到第二行去，而且因為是被突然擠下去的，所以本來頁碼前面一般會設定的小點點就會消失，如下圖所示。

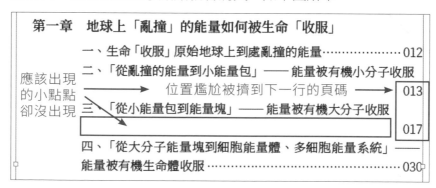

一般遇到這種情形，就是在頁碼文字前面多按幾下 tab 鍵增加定位點，小點點就會正常出現，但是如果之後內容有修正，目錄需要更新的話，這些現象還會再次發生，然後還要再次手動調整。

其實有一個很簡單的方法，就是在段落樣式中，輸入一段 GREP 描述式：

```
\t\d{3}$
```

這段描述式表示在段落結尾 $ 處的 3 個數字 \d{3}，要跟前面的小點點定位點 \t 合在一起。合在一起做什麼呢？這時候就要指定一個「不斷行」的字元樣式，強迫他們不能被分開。

於是產生出來的樣子就如下圖這樣：

> **第一章　地球上「亂撞」的能量如何被生命「收服」**
>
> 一、生命「收服」原始地球上到處亂撞的能量⋯⋯⋯⋯⋯⋯⋯012
> 二、「從亂撞的能量到小能量包」—— 能量被有機小分子收服⋯⋯⋯⋯⋯⋯⋯⋯⋯⋯⋯⋯⋯⋯⋯⋯⋯⋯⋯⋯⋯⋯⋯013
> 三、「從小能量包到能量塊」—— 能量被有機大分子收服⋯⋯⋯⋯⋯⋯⋯⋯⋯⋯⋯⋯⋯⋯⋯⋯⋯⋯⋯⋯⋯⋯⋯017
> 四、「從大分子能量塊到細胞能量體、多細胞能量系統」——能量被有機生命體收服⋯⋯⋯⋯⋯⋯⋯⋯⋯⋯⋯⋯⋯030

這樣就會看到沒有小點點的頁碼全都有了，不管下次內容調整了什麼，更新目錄時都不用擔心頁碼前的小點點消失。

NOTE. 前述的「不斷行」字元樣式是在「基本字元格式」中勾選「不斷行」即可。

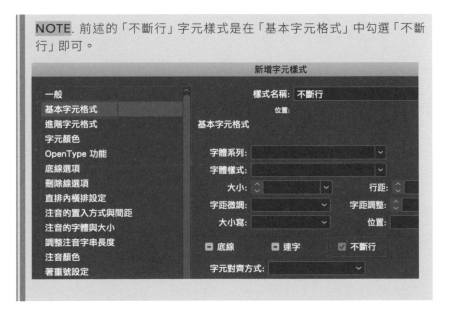

71 ┃直排書的目錄頁碼

目錄頁碼是 InDesign 提供的自動化功能之一，當我們設定好段落標題後，他會直接抓出每個段落標題所在的頁碼，只不過這個頁碼理所當然是半形的阿拉伯數字。在輸出直排的目錄時，頁碼就會呈現轉九十度的樣子，正常情況或者對有直排癖的編輯來說，這當然是不能接受的事情，誰想要看著直排的標題下面出現需要轉 90 度看的數字呢？

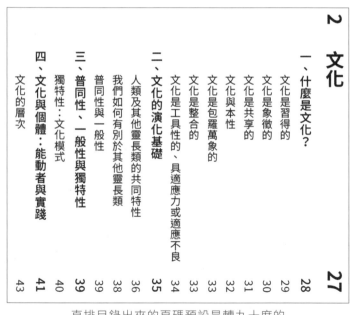

直排目錄出來的頁碼預設是轉九十度的

一般直排書目錄的頁碼呈現方式有三種，第一種是把頁碼變成國字一二三四五六……這樣的表示，因為 InDesign 輸出頁碼並沒有可以選擇的數字格式，所以這種頁碼只能純手工製作，失去了目錄自動化的意義，一般可能會在古文類的書籍比較會看到吧。

頁碼用國字表示編排的直排書 / 資料來源：開今文化《相逢何必曾相識》

第二種跟第三種就比較常見，分別是把數字轉正（橫）、或是變成全形數字的頁碼。

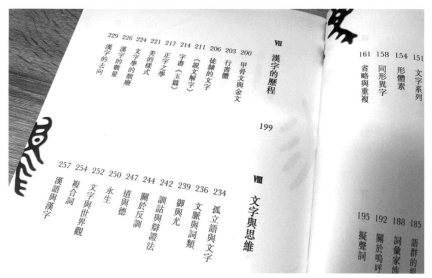

第二種直排頁碼形式：數字轉正 / 資料來源：大家出版《漢字百話》

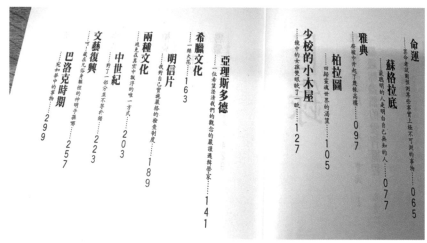

第三種直排頁碼形式：數字轉全形 / 資料來源：智庫文化《蘇菲的世界》

數字轉正的頁碼

將數字轉正的形式比較常見，不過這種方式有一個限制在，就是彼此的行距要夠大，不然很容易相鄰的頁碼黏在一起。

如果行距不夠大的話，頁碼看起來就會黏在一起，看起來很糟糕

如果頁碼不是固定在相同位置，這種頁碼黏在一起的問題倒

是可以避免，但是建議還是將行距調高一點會比較安全。

如果頁碼的位置錯落開，也可以避免互相黏在一起的問題 /
資料來源：積木文化《30 歲的成年禮》

　　至於要如何將頁碼文字轉正呢？可以在目錄文字的段落樣式裡，用一行 GREP 描述式來自動轉正頁碼數字：

```
\t\K\d+$
```

這裡指定的「直排內橫排」字元樣式，是只有在「直排內橫排設定」標籤中勾選了「直排內橫排」選項而已。

> **NOTE**. 這裡用到的描述式 \K 是左合樣的用法，\$ 表示段落結尾，\t\K\
> d+\$ 就是指段落結尾前、定位點後的數字，也就是我們要的頁碼。

改成全形數字的頁碼

　　第三種直排頁碼的形式不會有第二種形式容易黏在一起的問題，也是蠻常見的一種頁碼表現方式。在設定上，有兩種方式，一種是在目錄文字的段落樣式裡，用一行 GREP 描述式來改變頁碼為全形字：

```
\t\K\d+$
```

　　這裡指定的「轉 90 度」字元樣式，是只有在「進階字元格式」標籤中設定了「字元旋轉」為 90 度而已。

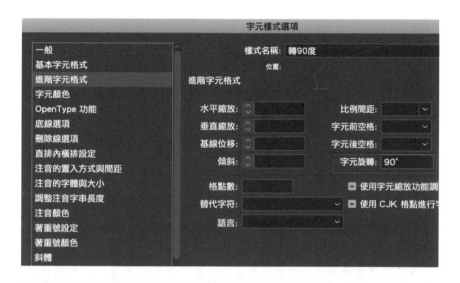

字元樣式選項

一般
基本字元格式
進階字元格式
字元顏色
OpenType 功能
底線選項
刪除線選項
直排內橫排設定
注音的置入方式與間距
注音的字體與大小
調整注音字串長度
注音顏色
著重號設定
著重號顏色
斜體

樣式名稱：轉90度
位置：

進階字元格式

水平縮放：　　　　　　　　　　比例間距：
垂直縮放：　　　　　　　　　字元前空格：
基線位移：　　　　　　　　　字元後空格：
傾斜：　　　　　　　　　　字元旋轉： 90°

格點數：
替代字符：　　　　　　　　☐ 使用字元縮放功能調
語言：　　　　　　　　　☐ 使用 CJK 格點進行字

NOTE. 這個字元旋轉 90 度具有將半形字元自動轉為全形字元的特性，例如 3 變成 3，a 變成 a，所以直排的頁碼數字就會變成直排全形字。

　　以這樣的方式來設定時，頁碼可能會出現下圖這樣的糾纏在一起的樣子，先別急，這只是出現了優先選項的問題。

這個問題只要把目錄文字全部選取，然後在「段落樣式」面板中按下「清除選取範圍內的優先選項」按鈕，這樣就可以看到我們要的全形數字頁碼。

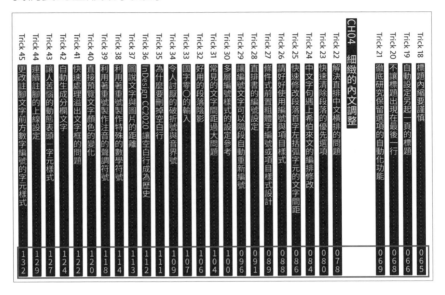

除了這個方法外，還有一種利用「尋找 / 變更」視窗裡的「轉譯字母體系」功能，在「尋找目標」這邊設定為「半形羅馬字元符號」，「變更為」欄位改為「全形羅馬字元符號」，然後記得「搜尋」變更為選取的範圍——即目錄文字，不設定範圍取代的話，那麼全部內文裡不該改的數字也被你一起改了，到時就真的是欲哭無淚，要一頁一頁去確認哪些數字要改回來。

> **NOTE**. 提醒一下，這是真實發生過的事情，我教導美編怎麼去改，結果美編卻因為疏忽大意，把整個內文都變了，搞的編輯要從頭標示哪些數字要改回來，這其實是個很不專業的表現，好的美編應該能幫助編輯減少校對上的出力，但是如果反而造成編輯更多的重複校對時間，職場上這類美編通常就不會再合作。

　　這個方法也會出現一些像亂碼的情形，一樣把目錄文字全部選取，並在「段落樣式」面板中按下「清除選取範圍內的優先選項」按鈕，這樣就可以看到我們要的全形數字頁碼。

72 目錄是個好工具

目錄是個好工具（功能），大部分的人可能都以為目錄只是用來編目書籍內容裡的章節，實際上用的好的話，目錄是一個快速檢查內文結構錯誤的檢視工具。

怎麼說呢？一般情況下，目錄編目出來的章節結構最多三層：章名、節名、小節名。有些情況下目錄甚至只條列出兩層，尤其條列出一層的目錄，根本看不出內文結構上的問題。

很多情況下，當你把整本書用到的所有標題都條列放在目錄裡，就會看出整本書最完整的結構，也可以看出這本書上可能有的結構錯誤、標題錯誤等等。

結構錯誤包括把 h3 設定成 h4，把 h5 設定成 h3、或是漏掉了標題…等等標題層級的錯誤，這可能是作者、或是編輯、或是美編設定上的錯誤，但是不管如何，透過條列這些層級的目錄，你可以快速檢閱標題結構正確性。不然的話，要一頁一頁地去校對檢閱這些結構錯誤，很花時間也很可能會錯過。

另外的可能錯誤是標題錯誤或錯字，錯字就不提了，標題錯誤是指例如 1-2 節下一個應該是 1-3 節，結果卻出現了 1-4 節，這表示中間少了一節，可能是標題的段落樣式設定錯誤，或是校稿時刪掉了，不管如何，後面的節名順序應該做更新才對。

基於以上這兩個優點，如果美編可以在初校時先把整本書的目錄條列出來，不僅是對編輯或是美編而言，都是很好的初步檢查工具。只要在檢查完畢後，再根據需求重新把目錄恢復成想要呈現的層級即可。

通常，我在做電子書的重新整理時，也常常用到這個方法，確認電子書的結構是否正確。

73 ▎解決目錄頁碼的尷尬情形

　　傳統的目錄文字設定，通常是目錄文字在左、頁碼在右貼齊文字框邊界。在 P.210 的〈讓第二行目錄文字的頁碼自動貼齊邊界〉文章中，有一種情形就是目錄文字剛好頂到數字頁碼，搞得後面的頁碼被擠到下一行，結果沒有如預期地靠近右邊（裁切邊），就會看到一整排的目錄頁碼都整齊靠右，唯獨這一行頁碼很孤單、很寂寞地在左邊蹲牆角。

　　解決的方式可以用 GREP 樣式處理即可，但是這種手術還是會有一些小疤痕，那就是貼近行尾的字數如果就是那麼剛好，就會讓整行（因為設定靠左齊行的關係）的字距有點寬大，總是看起來沒那麼順眼，但是大體上已符合自動又可用的程度，勉強過關也算是可以啦。

　　不過，還有一個更快、而且可能有另外的編排美感的解決方式，那就是把頁碼調到左邊，這樣子不管頁碼文字是兩行、三行還是更多行全都沒在怕的，所有的目錄文字全都會整整齊齊的對齊著，酷吧！換點思維，結果就是海闊天空喔！

將目錄頁碼改到左邊的方式

頁碼在左邊的例子 -1/ 資料來源：MdN《ドット 職人》

頁碼在左邊的例子 -2/
資料來源：ブティック社《かぎ針編みのミニチュア小物（改訂版）》

不過，如果目錄文字前方有一二三、123 這類數字內容的話，頁碼在前面可能有點怪，視情況要自行斟酌喔。

有前綴編號的標題前方放目錄頁碼就會超奇怪

CH06　關於目錄的設計

關於電子書設計

　　這一章來聊聊出版界很流行的話題－電子書製作。老實說，要把電子書的製作內容完整寫出來也會是一本大概兩百多頁的書籍，因為篇幅有限，這一章會大概地聊到電子書從零到有的流程與方法，有附上很基礎的教學講座，以及製作關鍵訣竅，就是比較沒有篇幅提供實作練習。如果你是從沒接觸電子書製作的話，你可以獲得一些正確流程與觀念，透過再多一些實作練習，應該有機會可以完成電子書製作；如果你是有製作經驗的人，這裡提出的一些經驗與技巧，相信也會給你帶了很多的幫助！

74 ▌為什麼要學製作電子書呢？

　　有很多的出版社對於要不要做電子書有很多的疑問，從出版界大佬喊著電子書元年到現在都有十年以上了吧，從當初的產值只有紙本書業績的 1% 不到，到現在的 5% 左右，這個產值看起來非常可悲，也是很多出版社立場堅定地不想碰的原因之一。

　　如果我們不從產值去考慮，畢竟這是主事者要考量的經營要點，就編排美編來說，我覺得美編是可以學學這個電子書的製作方法，一來提升自己的工作能力、二來也許會有額外的斜槓收入或工作加分。除此之外，我順便講一個我身邊的小故事。

　　我先前的工作場合經常會有學校來的實習生，這些實習生在編排技巧方面都很生澀、或者沒有排版經驗，更別說完全沒聽過電子書製作的方法，不過我們還是提供了很多的編排工作讓他們練習，並且包含電子書轉製工作。

　　負責帶他們的是我的小徒弟，初稿完成時，實習生會丟給我檢查有沒有什麼大問題，我通常是看整體的編排結構，在編排過程中遇到的各種疑難問題，是交給小徒弟回覆與指導，在經過一段時間的練習後，他們也逐漸地有點上軌道。

　　有幾次我的小徒弟會跑來跟我說實習生的稿子階層有問題，可是我在看 PDF 的時候並沒有看出什麼問題，她就會說在轉電子書的時候發現目錄階層不對，哪些中標要改小標、哪些文字要改大標、哪些沒標項目或編號……等等。

　　這告訴我們，人眼很不可靠，我在 P.220 的〈目錄是個好工具〉也提過可以用目錄檢查階層問題，但是我的小徒弟是在轉換電子書的時候發現階層問題，我就在想，原來轉換電子書也有這麼一個額外的好處。

　　當然，這個前提是在轉換電子書是很快速的狀態下才有用，如果你轉製電子書要花好幾個小時，那這個額外價值就有點成本高昂，而我教給小徒弟的電子書轉製 SOP，通常只需不到 20 分鐘就轉換完成，那它就有這個價值。

　　如果你對電子書轉製教學很有興趣，你可以參考我在部落格上的個人小家教方案、或者或我在線上平台錄製的線上課程～

- 個人家教網址：https://kusocloud.net/ 個人教學服務 /
- 線上課程網址：https://reurl.cc/11nVlG

家教網頁內容也許會因時間而變化，請參考當時臉書或部落格的資訊為主

電子書線上課程頁面

75 | 電子書製作效率化的關鍵與流程

　　出版社在製作電子書時，一般最常苦惱的就是怎麼製作，怎麼用最少的金額完成電子書製作，最簡單的方法是給平台代製，但是近年來平台不太會再幫忙免費代製，有的會要求一些權利金折讓，或者拒絕代製工作。另外一個普遍的方法就是找外包代製，有很貴的也有很便宜的，從選擇外包的金額每下愈況，就可以看出出版社對電子書品質從來不是評估重點，當然這純粹是牢騷，就此帶過。

　　這裡要來講講如果出版社想要 EP（紙本書與電子書）同步發行，最好的情況是出版社本身有美編的編制，這樣你就比較能控制 EP 同步發行、並且最有效率化產生電子書。不然你就要找一個熟悉電子書編排、並且有同步概念的美編，才有可能達成你想要的 EP 同步、又可以較少的製作代價，不過這種人才應該很稀少，應該是保育類動物，需要好好珍惜。

　　為什麼我要強調 EP 同步呢？為什麼不能在製作完成紙本書後再製作電子書呢？其實用一個簡單的概念來說，想像成 EP 同步就像你煮了一壺紅茶，倒出一杯紅茶，這杯紅茶就是你的紙本書，你再倒出另外一杯紅茶加上牛奶，變成了奶茶，這杯奶茶就是你的電子書，紅茶與奶茶的本質是紅茶，差別只是多了牛奶，紙本書與電子書的本質是紙本書，差別只是加了電子書的格式轉換外衣。

　　這個所謂的「電子書的格式轉換外衣」就是 EP 同步的關鍵，懂的人知道怎麼快速完成，就像在紅茶倒牛奶那樣簡單，不懂的人就覺得要去找隻奶牛、擠出鮮奶後再倒到紅茶那樣費力費時。

　　對我來說，EP 同步是很簡單的，就像是紅茶變奶茶那樣的

感覺，既然都做出紙本書了，為什麼不「順道」把電子書產生出來呢？

電子書製作有這麼容易嗎？其實這關鍵的第一步是好習慣，好習慣指的是美編要有編排的正確觀念與正確的編排技巧，相關訊息可以參考 P.045 的〈從內文開始構築正確的編排方式〉、P.053 的〈正確使用文字框〉、P.038 的〈段落樣式的重要性〉、P.043 的〈字元樣式的重要性〉這些文章的內容。

當美編確實有這些好習慣後，製作出來的紙本書要轉換為電子書會很簡單，接下來你需要幾個配套的準備：

1. **完整的一個 CSS**：這個 CSS 一開始不用多，但是隨著你製作的電子書越來越多，可以設定的樣式也會越來越多，你可以想像這個 CSS 就是一鍋百年老店牛肉麵的湯底，他會持續加料熬煮當成每一碗牛肉麵的湯底。

2. **讓每一本書的段落樣式與字元樣式同名**：每一本書一定會有章名、節名、內文、加粗字體等等各種段落樣式與字元樣式，你應該要讓出版社裡的美編將這些段落樣式、字元樣式名稱統一，例如章名為「h1- 章名」，就不要出現「H1章名」、「h1_章名」這種感覺很像但其實不一樣的名稱。同名的用意是要產生一個電子書範本，它就像前面講的 CSS 概念一樣，這個範本裡面有所有的段落樣式、字元樣式、物件樣式、表格與儲存格樣式等等，並且設定了所有的轉存標記。

3. **準備一份電子書範本檔**：這個範本檔同前項所說，包含所有的樣式，並且設定好了轉存標記，接著要有電子書的版權頁與目錄，第一頁留空白頁，充當每次放封面的空間。

主要配套就這三個，接下來電子書的轉製很簡單，大概一本不到一分鐘就可以完成。你可能會傻眼怎麼可能這麼快？那我幹

嘛還要花幾千元給別人做電子書？

　　首先，一分鐘的前題是主要素材的完備、另外就是長年累月的經驗累積才知道的快速流程，不要只看別人輕鬆的一面，更多的準備工作是你所不知的。而且如果是不同的美編製作，那就不是同一份文件的概念，而是要當成全新的編排概念來想，那樣的費用當然只會高不會低。

　　好，接下來的流程很簡單，把紙本書的 Indd 檔案開啟，把裡面的文字全部拷貝貼到範本檔裡，接著重整目錄（其實不用重整也沒關係，轉製電子書時會自動重整目錄，但是前提是目錄要先做好與內文的關聯），然後把版權頁裡的文字修改、接著把封面圖檔放到第一頁，然後轉存電子書，在轉存選項裡載入 CSS（如果已載入過一次就不用再載入）、修改中繼資料、指定封面為點陣化第一頁或是外部封面圖片。

　　好，這樣轉出來的 ePub 就 OK 了，簡單一點的文件大概只花你喝一口水的時間，複雜一點的大概頂多幾分鐘，如果這樣的程序不叫「順道」，那又叫做什麼呢？

　　當然，以上過程是一個制式化的程序，樣式都統一了難免沒特色，有些重點書如有需要，是可以另外更新設計 CSS 去套用，就看是要多花幾分鐘還是幾小時的修飾了。

76 ┃ 快速聊聊電子書製作方法

用 InDesign 轉製電子書的方法要說簡單也很簡單，要說難也很難，主要是看你想呈現的品質如何。在前一篇的文章裡，我提到出版社通常不願意花費太多的成本，那麼學會最精簡的方式其實也就足夠應用，除非業主願意提供較多的經費，否則做太多都只是浪費力氣。

這裡就聊聊一些最基礎的電子書製作方法，我歸納適用的範圍有以下幾種：

1. **純文字內容**：這種沒有太多的段落樣式，如小說、散文、傳記等內容，是最簡單易做的格式，老手可能五到十分鐘以內就完成一本電子書製作。

2. **簡單置圖的文字書**：就是第一類文件中有一些圖片，這些圖片都不需要繞圖設計，這樣也只是增加一個錨定物件的 CSS 描述，也很簡單。

3. **帶有註腳的圖書**：有註腳並不是問題，問題常常出現在有沒有遵守正確的排版方式去處理註腳。如果文件中的註腳都是用「手工」製作的，那這份文件就要花很大力氣去處理，建議放棄，或是請對方在 InDesign 中處理好再來。

4. **有表格的內容**：表格是個很危險的格式，經常會有一些麻煩問題，例如有部分美編提供的 InDesign 文件中，表格是「手工」製作的很多，這樣子的文件超難搞，也是要先進廠維修後再來；還有一種情形是表格中常有零資料的儲存格，在電子書的呈現上，這些零資料的儲存格會變得很細，通常就要手動填入一些全形空格來呈現完美的表格型態；有些時候電子書呈現的表格型態很不理想，這時候需要與對方溝通把表格全部另存 PNG 圖檔來置入。

　　總結來說，就是太複雜的書盡量不要做，新手先從簡單的開始入門。怎麼判斷書籍文件複不複雜，第一個先看段落樣式有沒有很雜亂，第二個看有沒有串連文字框，第三個看有沒有「手工」的產物。

第一步驟：整理文件

　　不管是簡單的，還是複雜的 InDesign 文件，要製作電子書的第一步就是先整理文件。整理文件的同時，也是在看文件的複雜度，當我們覺得複雜度在可接受的範圍下，就可以把文件上的一些不必要內容給處理掉。

新開文件或套用 [無] 主版

　　通常在轉製電子書時，我會習慣用兩種方式開頭，一種是開啟新文件，文件大小不拘，然後把原來文件裡的文字全部拷貝貼到新的文件上。這種方法的好處是，原本文件上的疑似頁眉頁碼的裝飾物件都不會進入到新文件中，同時一些沒用到的段落與字元樣式也會被剔除掉，只保留了主要的文字與圖片內容。另一種方法是把原來文件的頁面，全部套用 [無] 的主板頁面，這樣那些頁眉頁碼書名頁都不會出現，但是如果有不該出現的一些邊緣裝飾物件等，就會無法避免要逐一去檢查，還有就是沒用到的段落與字元樣式要自己另外手動清除。

　　整體來說，我會推薦新建一個文件來製作電子書，先前我曾經手一家出版社委託的數十本教科書的電子書轉製時，就是用這樣的方式省掉很多時間——很多因為原來檔案文件瑕疵造成的讀檔負擔、花費時間在刪除一堆沒必要的頁面物件內容、重新整理

沒製作好的段落或字元樣式等等。

整理文字樣式

　　假設你經手其他人的 InDesign 文件，應該會看到很多奇耙的設定，例如文字中的段落樣式、字元樣式都沒有設定或很混亂，這時候你就需要整理一下他們的樣式。整理的時候並不需要用紙本書的嚴謹態度，實際上可以用更寬鬆的方式去做調整。例如，有些同層級的標題，因為出現地方不同會有無內縮、內縮一字元、內縮兩字元的標題差異，這些在電子書閱讀時，如果沒有太精準要求，是可以把他們全部同化為同一個標題；同樣地，有些內文字也是因為出現在不同標題下，會有一些格式上的差異，但實質上都是一般內文的範疇，那麼建議也可以把這些內文樣式統一。簡單來說，電子書閱讀會比紙本書閱讀更簡單化一些，所以需要的文字樣式真的不需要太多，在整理文字樣式時，就可以好好把這些超複雜的文字樣式統一一下。

第二步驟：整理CSS配置

　　我們熟悉的一些段落與字元樣式裡的文字設定，基本上都有對應的 CSS 類別，CSS 的語法結構如下：

```
h1.headtext{ color:red; font-size:2em;}    /* h1 標題說明文字 */
```

- **h1**：選擇器。對應於 HTML 的 <h1> 標籤，對 InDesign 來說通常就是章名的段落樣式，InDesign 預設可以選擇的選擇器有 h1 ～ h6 與 p。下面顯示的 CSS 內容會用綠色粗體字表示選擇器。

- **headtext**：CSS 的類別名稱，也就是要設定在 InDesign 裡的「轉存標記」名稱。

- **{ }**：兩個大括弧表示用來宣告設定對象的屬性。

- **color、font-size**：CSS 的屬性，有固定的名稱，下面的 CSS 內容會用棕紅色粗體字表示。

- **red、2em**：CSS 的屬性值。

- **/* 描述文字 */**：在 /* */ 裡面的文字是用來描述程式碼的內容，可以當作是註解文字，不會被讀取使用。通常放在程式碼後面，或是上方位置。

下面直接以一個標題 h1 的 CSS 語法來說明對應的各種文字設定：

```
h1.headtext{
        color:maroon;                    /* 文字顏色 */
        font-family:" 楷體 ",cursive;    /* 指定字型：楷體，Cursive*/
        font-size:2.5em;                 /* 字級，2.5 字元大小 */
        font-style:normal;
        /* 文字風格，可設定一般、斜體、傾斜 */
        font-weight:bold;                /* 字重：設定字體粗細 */
        line-height:1.8em;               /* 行距，1.8 字元高 */
        margin-bottom:30px;              /* 與後段間距 */
        margin-top:30px;                 /* 與前段間距 */
        margin-left:1em;                 /* 左邊縮排 */
        margin-right:0;                  /* 右邊縮排 */
        orphans:1;
        /* 保留選項，指定必須留在頁面或列底部的最小行數 */
        windows:1;
        /* 保留選項，指定必須在頁面或列頂部保留的最小行數 */
        page-break-after:auto;
        /* 指定元素之後換頁，auto 預設值 */
        page-break-before:always;
```

```
            /* 指定元素之前換頁，always 總是 */
            /* 一般不建議在 CSS 指定換頁語法，而是在轉存標記中，勾選
            「分割文件」*/
            letter-spacing:1.2em;          /* 字元間距大小 */
            letter-spacing:1.2em;          /* 每個單字間距大小 */
            text-align:left;               /* 文字對齊方式：靠左 */
            text-decoration:none;
            /* 文字裝飾，可設定底線、刪除線、頂線等 */
            text-indent:2em;
            /* 首行縮排：兩字元 */
            text-transform:none;                /* 字母大小寫 */
            border-bottom:2px solid darkgreen;    /* 下底線：實線 */
}
```

　　一般用到的段落樣式（h1 ～ h6 與 p）的 CSS 設定如上所述，
簡單的學習方式就是把上面的屬性都記下，根據不同的段落樣式
去調整需要的屬性與屬性值，除了預設的 h1 ～ h6 與 p 的選擇器
外，項目與標號文字是需要另外用 li 選擇器，它的設定 CSS 如下：

```
/* 編號文字 */
li.number_text {
        list-style-type: decimal;       /* 阿拉伯數字 */
}

/* 項目內容 */
li.list_text {
        list-style-type: disc;           /* 實心圓 */
}
```

　　字元樣式的選擇器要用 span 來宣告，常見的上下標、粗體、
斜體等的 CSS 設定如下：

```
/* 上標字 */
span.up_text{
```

```
        vertical-align: super;              /* 垂直對齊：上標 */
        color:#0666ff;                      /* 文字顏色 */
}


/* 下標字 */
span.down_text{
        vertical-align: sub;                /* 垂直對齊：下標 */
}


/* 粗體藍色字 */
span.textbold_blue{
        font-weight: bold;                  /* 粗體字 */
        color: blue;                        /* 藍色字 */
}


/* 斜體字 */
span.text_italic{
        font-style:italic;                  /* 斜體字 */
}
```

至於表格樣式與儲存格樣式的 CSS 設定如下：

```
/* 表格整體 <table> 設定 */
.table{
        border: 0.2px solid dimgrey;        /* 框線粗細 */
        border-spacing: 0px;                /* 相鄰邊框距離：0*/
}


/* 表格 - 儲存格標題欄設定 */
.tc0{
        vertical-align: middle;             /* 垂直對齊：置中 */
        text-align: center;                 /* 文字置中 */
        border-style: solid;                /* 邊框造型：實線 */
        font-weight: bold;                  /* 粗體文字 */
        background-color: antiquewhite;        /* 儲存格填色 */
}
```

```
/* 表格 - 一般儲存格 <td>1 設定 */
.tc1{
    vertical-align: middle;          /* 垂直對齊：置中 */
    text-align: left;                /* 文字靠左 */
    padding: 0 0.5em;
    /* 儲存格內縮，上下 0，左右 0.5 字元寬 */
}
```

最後置入圖片會用到的錨定物件 CSS 設定如下：

```
.Ob_center{
    text-align: center;   /* 圖片水平置中 */
}
```

以上是基礎電子書轉換會用到的一些 CSS 內容，讀者可以先從小說這種可能只有一兩種段落樣式的題材入手，設計自己的第一個 CSS 範本，之後再根據不同的段落樣式、字元樣式與其他的內容做增減，逐步擴大自己的 CSS 範本。對於還不太熟悉的讀者來說，網路上關於 CSS 的教學資源相當的多，以上的內容幾乎都找得到詳細的說明，只要多練習調整，相信你也可以做出不錯的 CSS 樣式對應。

另外，我們也可以從下面的圖示來看看 InDesign 的各個文字功能對應的 CSS 文字屬性是什麼：

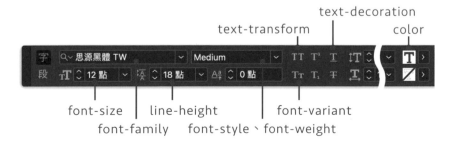

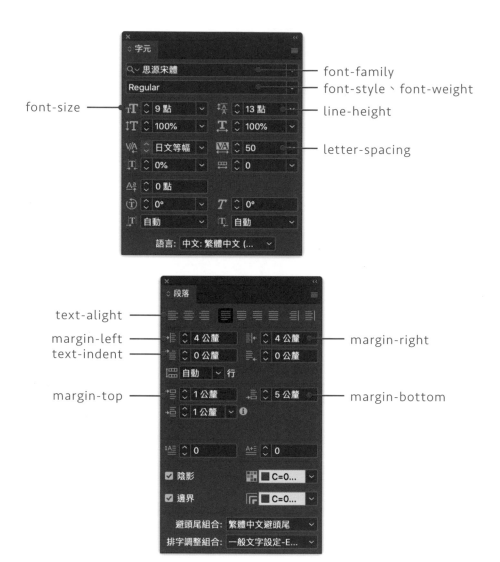

第三步驟：轉存標記

當我們完成 CSS 範本的建立與修改後，就可以進行轉存標記的設定。一種方式是在每一個段落樣式、字元樣式、物件樣式的

選項視窗中修改「轉存標記」頁籤裡的設定內容，一種是在段落
樣式面板或是字元樣式面板右上方的功能選單裡選擇「編輯所有
轉存標記」指令，從「編輯所有轉存標記」視窗中，把所有的段落
樣式、字元樣式與物件樣式一次指定好對應的 CSS 類別名稱。

> **NOTE**. 表格樣式與儲存格樣式並沒有「轉存標記」的功能選項，因為表
> 格樣式與儲存格樣式的名稱其實就是 CSS 類別的名稱。

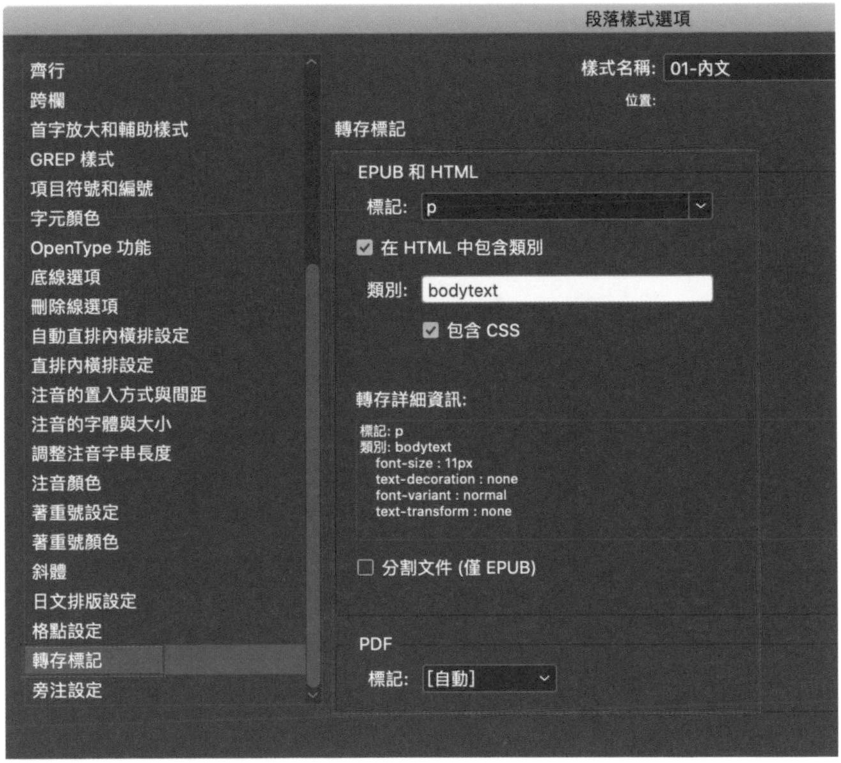

段落樣式裡的「轉存標記」頁籤設定

編輯所有轉存標記

顯示：◉ EPUB 和 HTML　○ PDF　　　　　　　　　　　　　　　　　確定　　取消

樣式	標記	分割 EPUB	包含在 HTML 中	類別	包含 CSS
¶ [基本段落]	[自動]	☐	☐		☑
¶ x-頁碼	[自動]	☐	☐		☑
¶ h1-序\前言	h1	☑	☑	headtext_1c	☐
¶ h2-前言的小標	[自動]	☐	☑		☑
¶ h1-章標題	h1	☑	☑	headtext_1a	☐
¶ h2-中標題	h2	☑	☑	headtext_2a	☐
¶ h1-粉絲回函	[自動]	☐	☑		☑
¶ h3-小標題	h3	☐	☑	headtext_3a	☐
¶ h4-小小標題	h4	☐	☑	headtext_4a	☐
¶ 00-左頁眉	[自動]	☐	☐		☑
¶ 00-耳朵文字	[自動]	☐	☐		☑
¶ 00-右頁眉 h2	[自動]	☐	☐		☑
¶ 01-內文	p	☐	☑	bodytext	☐
¶ 01-募資留言-1	[自動]	☐	☑		☑
¶ 01-募資留言 2	[自動]	☐	☑		☑
¶ 01-募資留言-名字	[自動]	☐	☑		☑
¶ 0-GREP表達式	p	☐	☑	sptext_4	☐
¶ 01-導言	p	☐	☑	bodytext_3c	☐
¶ 01-項目	li	☐	☑	bodytext_3f1	☐
¶ 01-編號	li	☐	☑	bodytext_3e1	☐
¶ 01-尋找變更項目	li	☐	☑	bodytext_3f4	☐
¶ 02-內文靠右	p	☐	☑	bodytext_1a	☐
¶ 02-內文置中	p	☐	☑	bodytext_1c	☐
¶ 02-拉線圖說	p	☐	☐	bodytext_5a	☑
¶ 02-內文圖說	p	☐	☑	bodytext_5a	☐
¶ 02-網址說明	p	☐	☑	bodytext_4c2	☐
¶ 02-空白行	p	☐	☑	bodytext_6a	☐
¶ 03-說明文字1	p	☐	☑	sptext_1	☐

「編輯所有轉存標記」視窗中的「轉存標記」設定

下面來看「轉存標記」頁籤中的一些設定：

- **「標記」**：指的是 CSS 中的選擇器，一般常用的有 h1～h6 以及 p。

- **「類別」**：是對應在 CSS 裡的類別名稱，例如章名想要對應到前面示範的 h1.headtext 內容，「標記」要選擇 h1，「類別」就要填入 headtext。

- **「在 HTML 中包含類別」**：要勾選才能去呼應已設定好的 CSS 範本，如果有些樣式不想出現在 ePub3 中，就可以取消勾選這個設定。例如目錄文字與無法呈現在電子書的語法或文字，像是排版很常用的兩倍長破折號、不斷行、英文語系、

字元間距調整等等讓版面美觀的字元樣式設定或是頁碼的文字樣式等，就可以取消勾選「在 HTML 中包含類別」。

- **「包含 CSS」**：保留預設勾選即可。

- **「分割文件」**：通常用於章名，或者需要另起一頁的標題設計上。在電子書設計上，一定要產生可以分割文件的標題，一來這樣的 ePub3 會產生不同的 xhtml 檔案，可減輕讀取檔案的負擔；二來有些電子書平台讀取的試閱內容是用「分割文件」來判斷的，如果沒有設定分割文件，很可能會讓整本書的內容都是可以免費試閱的。不過電子書平台通常會檢查出這種問題告知修改，但還是多注意一下。

第四步驟：整理＆檢查文件變化

如果你的文件包含了表格、註腳、圖片或者其他特異的設定，建議你在這時候再整個檢查一下文件，例如表格是否有製作表格樣式與儲存格樣式、圖片是否有製作物件樣式，這兩個元件在前面的「轉存標記」中是不會指定到他們的 CSS 屬性，要各自另外指定；文件中的圖片是否有連結？如果是嵌入圖檔記得要把它轉成連結圖檔的方式，尤其是從 Word 置入產生的文件一定要轉換連結，另外圖檔的名稱也一定要透過「Batch_renaming_and_relinking」這類可以修改檔名的指令碼來更換成英數名稱；註腳是否有設定好指定的字元樣式與段落樣式也務必檢查一下；如果不是產生新文件來製作電子書，文件中可能會有一些穿插在內文裡的浮動圖片，務必把這些圖片找出來處理掉；如果有造字產生的文字圖片，可以看看它本身是否有 unicode 編碼，如果有的話就讓它恢復原來的文字形式，在呈現電子書時反而能看到這類稀

有字。

有關批次完成修改圖片檔名
與連結設定，可以參考部落
格上的這篇文章

第五步驟：轉存標記產生目錄

假定所有樣式都指定好 CSS 的轉存標記，記得要重新輸出
目錄，目錄用到的文字不用特別去設定轉存標記，只要取消勾選
「在 HTML 中包含類別」即可。

在輸出目錄時，記得有一個地方一定要勾選，就是「在來源
段落中設定文字錨點」，有設定這個功能才能讓電子書產生選單
式的目錄。另外就是「框架方向」要依照電子書的排法選擇水平
或垂直，通常我會建議電子書的文件一律改成橫排，就算你原本
是直排書也請改成橫排書，直排書的輸出通常會花費比較多的
心力。

因為在輸出 ePub3 時，並不需要讓目錄文字出現，所以在產
生目錄文字後，請把目錄的文字框拖曳到文件範圍外，即便目錄
文字框呈現文字溢出的狀態也不用特意去修改，電子書轉換時是
會無視文字溢出狀態輸出所有在文件中顯示的文字內容。

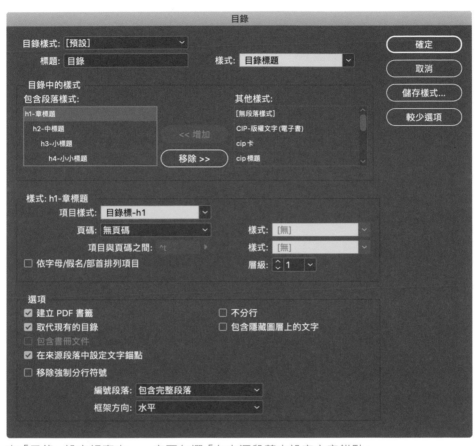

在「目錄」設定視窗中，一定要勾選「在來源段落中設定文字錨點」

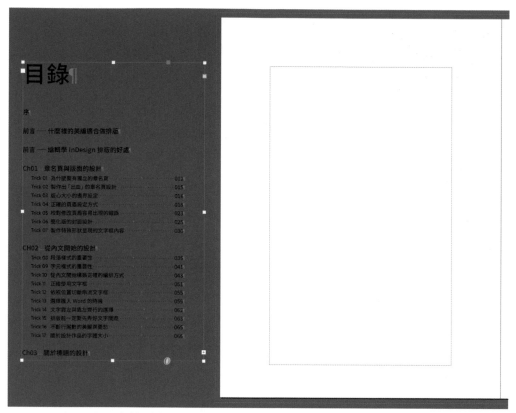

電子書的目錄不用像紙本書那樣需要呈現全部，只要呈現出部分目錄，不用管它是否文字溢出，並且把目錄拉到版面以外，這樣輸出電子書時一樣會產生下拉式目錄，並且不會重複產生文字目錄

第六步驟：設定封面與版權頁

　　電子書可以用的封面圖檔格式是 jpg 與 png 兩種，圖檔大小依平台要求會有不同的尺寸需求，例如 Readmoo 就限定封面大小是：1,000,000px，建議封面的大小就以寬 1024px 的等比例，72dpi 的 JPG 圖應該就不會有大問題。

電子書的封面設定，可以選擇外部影像或是指定第一頁點陣化為封面來使用

版權頁的部分，如果沒有要申請 EISBN 的話，隨便什麼格式內容都好，但是如果要申請國內的 EISBN，就會有特定的格式去填寫。

以下是申請 EISBN 的參考格式：

版權頁

書名：XXXXXXXXXXX

作者：XXX

發行人：XXX

◆電子書播放資訊

　作業系統：不限

　檔案格式：EPUB

檔案內容：文字

使用載具：不限

出版者：XXXXXXX

網址：https://xxx.com.tw/

E-mail：xxxxxx@xxxxx.com.tw

地址：XXXXXXXXXXXXXXXXXXXXXXXXXXXXXX

電話：(02)1234-5678

傳真：(02)1234-5678

版權聲明：

本書版權為作者所有授權 XXX 有限公司獨家發行電子書及繁體書繁體字版。若有其他相關權利及授權需求請與本公司聯繫。

發行日期：20XX 年 X 月第一版

第七步驟：載入CSS與其他轉換設定

以上設定內容做好後，接下來就是載入我們在第二步驟中提到的 CSS 檔案。製作 CSS 的方式很簡單，把你在第二步驟學到的想要的需求 Code 貼在一份新的純文字檔，檔名要用英數名命名，副檔名為 .css，例如：main.css 這樣的檔名。

按下 cmd / Ctrl + E 快速鍵打開「轉存」視窗，在「格式」選單中選擇「EPUB（可重排版面）」。

轉存	
儲存為：	IDtricks_2.epub
標記：	
位置：	文件
格式：	EPUB (可重排版面)
☑ 使用 InDesign 文件名稱做為輸出的檔案名稱	
	取消　儲存

在「EPUB－可重排版面轉存選項」視窗中，選擇左側的「HTML & CSS」頁籤，右側的「產生 CSS」取消勾選，然後按下下方的「新增樣式表」來載入外部 CSS，這樣就算載入完成。

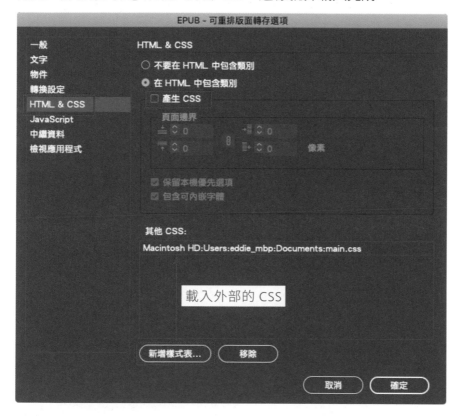

其他地方需要設定的還有「一般」頁籤中指定「EPUB 3.0」的版本，設定「導覽目錄」的方式、「分割文件」的指定。

「中繼資料」頁籤中，在「識別碼」欄位中填入 ISBN、「標題」填入書名、「製作程式」填入作者名稱、「日期」填入 2013-12-31 這樣的日期格式，「發行者」填入出版社名稱，其他可填可不填。

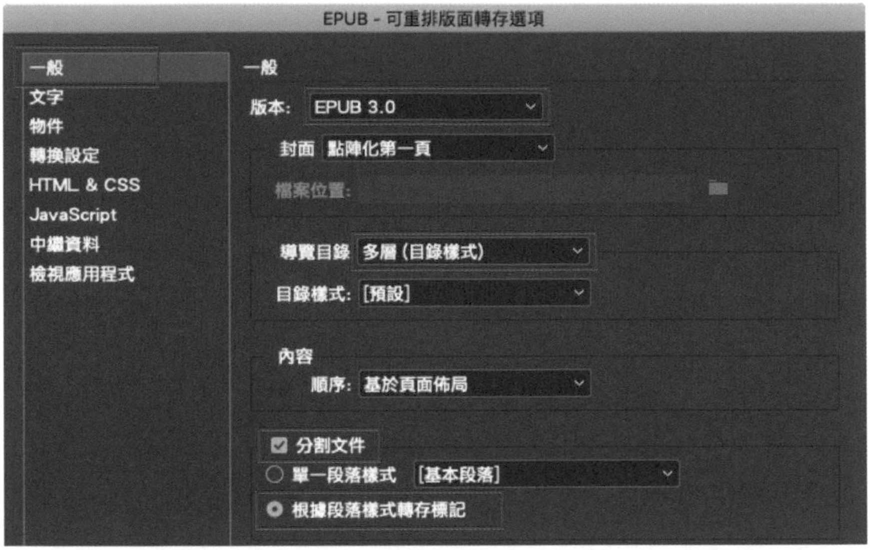

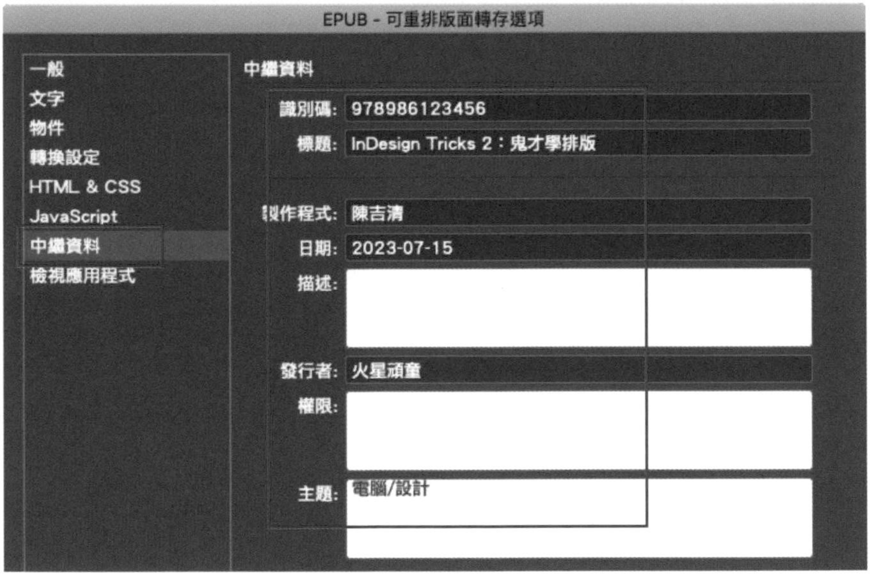

完成這些基本設定後就可以輸出成可重排式的 ePub3，最後再用 EPUB-Checker 檢查即可。

檢測無誤後的 ePub 才算是初步合格的 ePub3 喔

　　以上是可重排式 ePub3 的製作與輸出流程，固定式版面 ePub3 的製作流程又是另外一種方式，更簡單，限制也很多，而且比較少人用，因為它根本就是一個假 PDF 格式而已，所以這裡就不討論了。

奇妙的傳聞：

你知道嗎？國圖公布的電子書申請資料不見得能反映國內出版社投入電子書製作的程度，很多電子書上架不需要製作 EISBN，也有很多電子書的數量是被灌水出來的，總之，就是出版業的都市傳聞！

77 ┃讓章名頁圖片也能在電子書裡換頁

一般我們在做可重排式電子書時，換頁處理是由段落樣式中的「轉存標記」頁籤裡，指定「分割文件」。也就是要指定一個段落樣式為換頁的段落樣式，通常來說就是章名或是節名這一些比較大的標題。不過，我們在做紙本書時，通常會把章名頁做的美美的，在轉作電子書時，也會想說可不可以把章名頁也變成一個獨立的頁面。

其實方法不難，先把章名頁獨立另存一個圖片，然後使用錨定物件的方式把它置入到內文中，在置入圖片位置後面新增一行，設定一個勾選「分割文件」選項的段落樣式，如下圖所示。

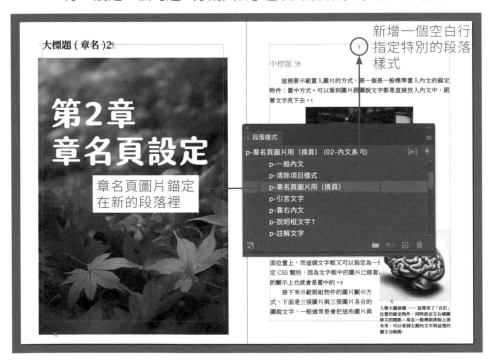

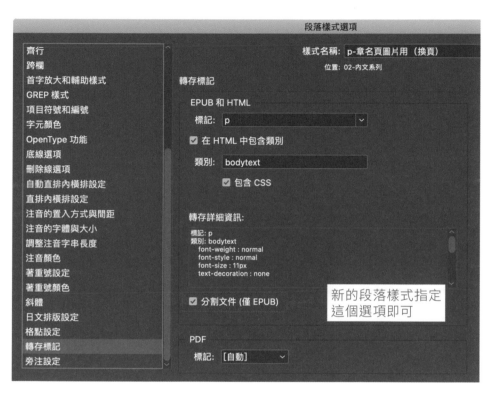

這樣子錨定在這個段落樣式上的圖片（章名頁）就會在電子書顯示上，獨立為一頁了喔～

　　這個原理很簡單，其實就是上面的例子中，「大標題（章名）2」是一個有設定「分割文件」的標題段落樣式，在電子書的顯示中，它會出現在新的一頁上；後面接的章名頁圖片也設定「分割文件」，所以會顯示在下一頁；後面再加一個新空白行也設定「分割文件」，避免後面接的「中標題 5」文字銜接在圖片後面，讓它出現在下一頁。

　　另外，如果你覺得章名頁前面還有一個文字標題實在很笨怎麼辦？我們可以把這個標題隱藏，但是在彈出目錄中還是可以連結到，作法就是將標題的轉存標記另外指定一個 CSS 類別名稱，在 CSS 中設定隱藏的語法：

```css
/* 有章名頁圖片，要隱藏章名的 CSS 設定 */
h1.headtext_1c{
    display:none;          /* 將物件完全隱藏 */
}
```

　　然後要把錨定圖片所在的內文改成一般內文，不要讓它再「分割文件」，這樣避免目錄連結過去是一個空白頁面。完成這兩個步驟後，原本的「大標題（章名）2」標題文字就會看不見了！

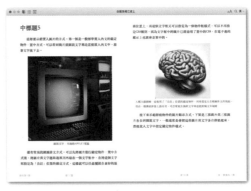

78 ▎處理電子書轉換時的文字錨點錯誤

當我們使用 InDesign 轉換電子書時，可能有遇過下面這樣的「找不到外部文字錨點：XX」的錯誤訊息。

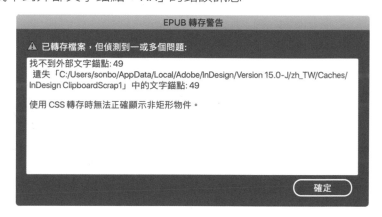

上面的圖示裡，還包含了一個「使用 CSS 轉存時無法正確顯示非矩形物件」訊息，這個錯誤訊息比較簡單，其實就是文件頁面有繪製的圖形物件存在，只要去找出來並刪掉就可以了。

我們還是回歸這個文字錨點的錯誤訊息，在 Sigil 電子書閱讀程式中，可以看到一些我們在內文裡沒有設定的超連結。

Sigil 顯示畫面

Sigil 的代碼檢視畫面

Sigil 切換到 HTML 編碼來看，確實產生了空的超連結

九、富氧水 —— 證據不足，慎飲¶

　　富氧是指應用物理或化學方法，收集空氣中的氧氣，而富氧水則是指在純淨水的基礎上添加活性氧的飲用水。其實富氧水對我們而言還是一個比較新的概念，確切來說還沒有找到更加權威的定義，在一段時間中，富氧純淨水、富氧礦泉水閃亮登場，各大廠商還紛紛喊出多「吸氧」可以抗疲勞，更宣稱水中氧含量越高，水的品質就越高，對身體更健康，但有日本專家曾指出，多「吸氧」可有效抗疲勞是缺乏科學依據的。¶

InDesidn 的內文檢視畫面　→

InDesign 預視的畫面

　　其實這個問題很簡單，那就是文件中隱藏了一些超連結的設定，這種情況很常發生在使用 Word 載入文件，連帶地帶入了一些不知所以的超連結，只要在「超連結」面板裡，把這些錯誤的超連結都刪除掉就好了。

　　刪除掉之後，在電子書閱讀程式中，就不再會有這樣的錯誤狀態了。

九、富氧水－證據不足，慎飲

　　富氧是指應用物理或化學方法，收集空氣中的氧氣，而富氧水則是指在純淨水的基礎上添加活性氧的飲用水。其實富氧水對我們而言還是一個比較新的概念，確切來說還沒有找到更加權威的定義，在一段時間中，富氧純淨水、富氧礦泉水閃亮登場，各大廠商還紛紛喊出多「吸氧」可以抗疲勞，更宣稱水中氧含量越高，水的品質就越高，對身體更健康，但有日本專家曾指出，多「吸氧」可有效抗疲勞是缺乏科學依據的。

超連結的文字消失了

超連結的代碼文字也消失了

```
        <h2 id="_idParaDest-21" class="headtext_2a"><a
id="_idTextAnchor043"></a>九、富氧水－證據不足，慎飲</h2>
        <p class="bodytext">富氧是指應用物理或化學方法，收集空氣中的
氧氣，而富氧水則是指在純淨水的基礎上添加活性氧的飲用水。其實富氧水對我們而言還是
一個比較新的概念，確切來說還沒有找到更加權威的定義，在一段<a
id="_idTextAnchor044"></a>時間中，富氧純淨水、富氧礦泉水閃亮登場，各大廠商
還紛紛喊出多「吸氧」可以抗疲勞，更宣稱水中氧含量越高，水的品質就越高，對身體更健
康，但有日本專家曾指出，多「吸氧」可有效抗疲勞是缺乏科學依據的。</p>
```

79 │清除字元樣式對電子書輸出的影響

在 InDesign 的文件裡，不可避免會用到很多的字元樣式，這些字元樣式對編排版面有很大的幫助，但是在以 HTML 為基礎的電子書版面設計裡，有些字元樣式就不是很有用，甚至就是冗碼。

程式設計通常好的習慣是要去除冗碼，但是對 InDesign 設計者來說，該不該去除這些字元樣式除了擔心會不會影響美觀、也擔心輸出 ePub 會產生錯誤。

其實如果只要願意、有時間的話，就可以考慮把在電子書裡沒用途的字元樣式刪掉，刪掉後的電子書並不會產生錯誤，也確實會減少很多冗碼喔。

下面以一個實例來分享，下面的一段文字裡，英文人名的中間號因為排版美觀的關係，設定了一個字距調整 -100 的字元樣式「間格號」。

> 按照牛頓的光粒子理論，這束光只能在兩道狹縫後的屏幕上照出兩條亮條紋，但實驗結果卻是整個屏幕上都出現了明暗相間的條紋（見圖 1-1(b)），這不就是波的干涉條紋嗎？湯馬斯·楊格終於找到了支持波動說的有力證據：光從兩道狹縫中通過後，波峰和波峰疊加形成亮條紋，波峰和波谷疊加形成暗條紋。¶
>
> 　　湯馬斯·楊格成功完成了光的干涉實驗，並由此測定光的波長，為光的波動性提供了重要的實驗依據。¶

這段文字在 Sigil 應用軟體裡呈現的編碼如下所示。可以看到一個間隔號用了 `<span class=" 間格號 2">·</span>` 這樣的描述編碼。

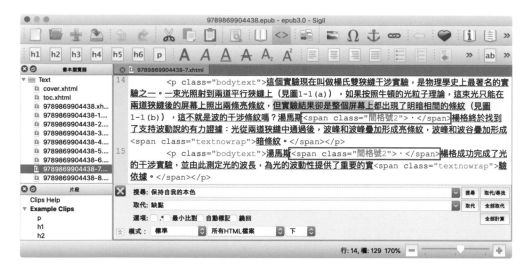

其實這段程式編碼在電子書裡一點都沒效果，所以我們到字元樣式裡把「間格號」跟另一個沒用的「間格號 2」都一起刪掉。刪掉的時候可以「保留格式設定」，並不會影響電子書的輸出。

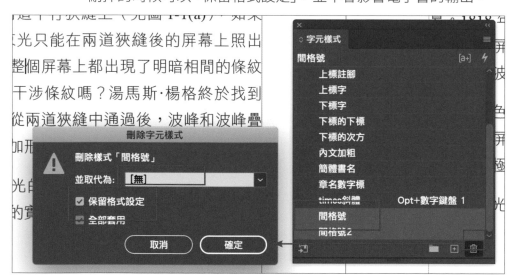

因為有保留格式設定，所以在內文裡可以看到間隔號還是保留字距調整 -100 的效果，當然內文樣式就產生了「優先選項」的圖示。

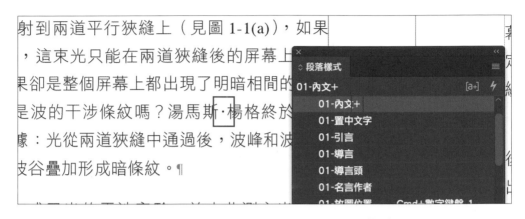

重新輸出 ePub，就會看到原來的 `<span class=" 間格號 2">·</span>` 冗碼不見了，只留下間隔號。

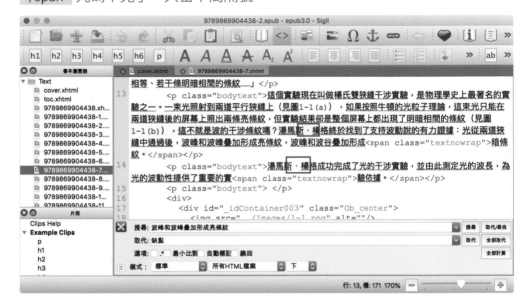

除了一般外部套用的字元樣式，在「段落樣式＞ GREP 樣式」中的字元樣式也一樣可以刪掉。例如這個例子裡的內文有用到一個不斷行的字元樣式，當我們把這個字元樣式刪掉，GREP 樣式的「套用樣式」就會自動變成 [無]。這告訴我們，不用特地把每一個段落樣式翻出來刪掉裡面的 GREP 樣式，只要刪掉字元樣式

面板裡面不要的字元樣式即可。

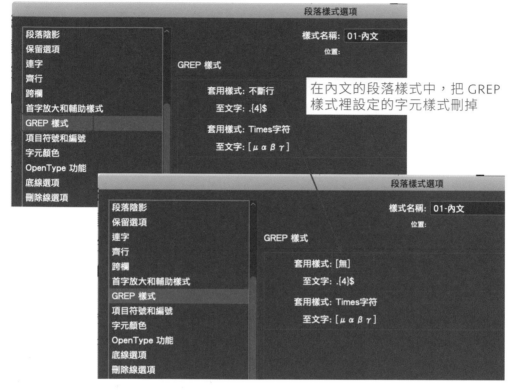

在內文的段落樣式中，把 GREP
樣式裡設定的字元樣式刪掉

同樣地再輸出一次 ePub，這次就會看到每行後面的不斷行冗
碼被刪除了（如 `<span class="textnowrap">` 暗條紋。`</span>` 變
成了暗條紋。）。

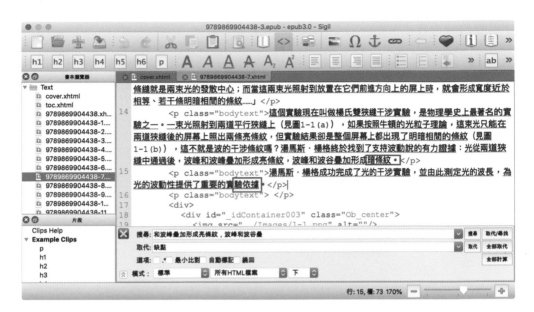

所以，如果是無法在 HTML 上面呈現的排版效果，在輸出電子書時就可以把它們（字元樣式）刪掉就是了，可以讓你的 ePub 編碼更乾淨一些！這個例子主要是給強迫症的使用者了解刪除字元樣式的結果，如果你懶得這麼花功夫處理這些多餘的字元樣式，還有一種更簡潔的方法在前面的單元有提到，那就是在設定「轉存選項」時，取消勾選「在 HTML 中包含類別」這個選項喔！

80 ┃項目與編號的轉存設定

我們在前面的單元中曾經提過項目與編號的 CSS 語法：

```
/* 編號文字 */
li.number_text {
    list-style-type: decimal;          /* 阿拉伯數字 */
}

/* 項目內容 */
li.list_text {
    list-style-type: disc;             /* 實心圓 */
}
```

在 InDesign 裡面指定項目符號的段落樣式後，在「轉存選項」中指定好 CSS 的標記為 li、類別設定為對應 CSS 的類別名稱。

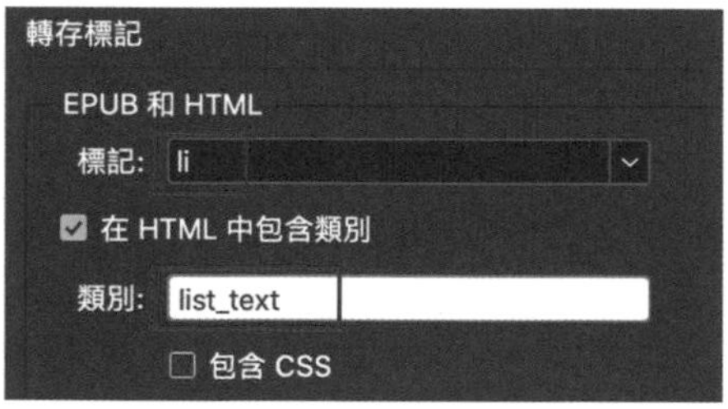

編號文字的作法一樣。然後在在轉存 ePUB 選項中，在左邊「文字」頁籤中，指定「清單＞項目符號」欄位為「對應至無順序清單」、「清單＞編號」欄位指定為「對應至依序清單」，如下圖。

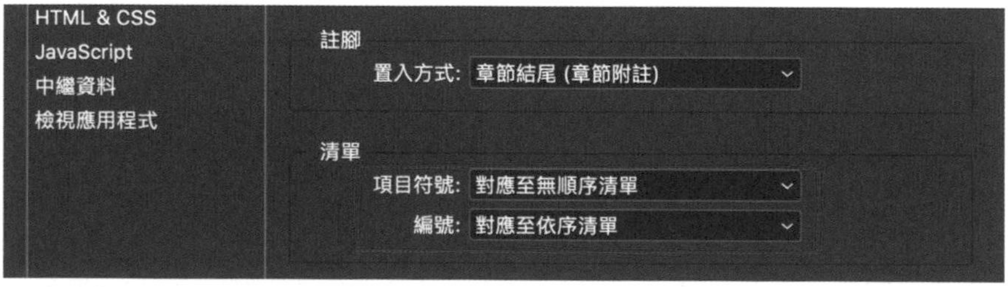

上面是 InDesign 預設的設定，會產生真正的項目 / 編號格式的文字內容，如果你發現產生的是假項目 / 編號格式的文字內容，就可以在這個地方進行修改。

比特幣作為一種電子貨幣，其特徵如下：

- 去中心化。比特幣是第一種分散式的虛擬貨幣，整個網路由用戶構成，沒有中央銀行。去中心化是比特幣安全與自由的保證。
- 全世界流通。比特幣可以在任意一台存取互聯網的電腦上管理。無論身處何方，任何人都可以挖掘、購買、出售或收取比特幣。
- 專屬所有權。操控比特幣需要私鑰，它可以被隔離保存在任何儲存裝置中，除了用戶自己之外，無人可以獲取。

1. 洛匹那韋 / 利托那韋組，52例
2. 阿比朵爾組，34例
3. 對照組，48例

「洛匹那韋 / 利托那韋」患者口服抗病毒藥物洛匹那韋 / 利托那韋，兩片，每12小時一次，療程為五天；「阿比朵爾」組患者口服抗病毒藥物阿比朵爾，200毫克

正常來說還是希望產生真正的項目 / 編號格式的文字，在顯示上會有內縮編排的形式，看起來會比較好看

NOTE. 當編號設定為「對應至依序清單」時，該段落若是使用了「將編號轉換變為文字」的功能將編號文字刪掉，那麼再套用 CSS 樣式時會有部分錯誤情形產生，例如套用顏色沒有顯示出來。建議的方法是另外再做一個段落樣式，套用具有相同 CSS 設定的不同類別。

NOTE. 在 InDesign 設定 li 轉存標記時，有時候會有在電子書中 <li> 標籤包覆不正常的情形，通常是 <li></li> 的包覆範圍直到下一個 h1 前面。目前看來沒有在辦法在 InDesign 中徹底解決，一種是更換較新的版本（CC 2017 以上的版本）、一種是在項目或編號文字前後加空白行。但最直接的方式是在 Sigil 中找出 </li> 的位置，並進行調整後儲存。

81 ▌保留空白行的設定

　　有些編排文字我們希望保留它的一些空白間隔，例如程式碼的內縮編排等等，通常我們在 HTML 中是以 <pre> 來設定，在 CSS 的設定上，我們可以指定 white-space: pre; 這一行，用來保留原始資料的空白與換行。

```css
/* 程式碼文字 */
p.code_text{
        color:dimgrey;              /* 文字顏色為灰色 */
        text-align: left;           /* 文字靠左 */
        font-size: 0.8em;           /*0.8 字元大小 */
        line-height: 1.2em;         /* 行高 1.2 字元 */
        margin-left: 2em;           /* 左邊縮排 2 個字元 */
        font-style: italic;         /* 斜體字 */
        white-space: pre;           /* 保留空白與換行 */
}
```

　　下面是 InDesign 中某段程式碼的編排：

```
var journal = [¶
    »   {events: ["work"; "touched tree"; "pizza",¶
    »       »   ·"running"; "television"],¶
    »   squirrel: false},¶
    »   ·{events: ["work"; "ice cream"; "cauliflower",¶
    »       »   "lasagna"; "touched tree"; "brushed teeth"],¶
    »   squirrel: false},¶
    »   {events: ["weekend"; "cycling"; "break",¶
    »       »   "peanuts"; "beer"],¶
    »   squirrel: true},¶
    »   /* and so on... */¶
];¶
```

指定前面 CSS 轉存類別後，在 ePub 產生出來的樣子：

```
var journal = [
        {events: ["work", "touched tree", "pizza",
                "running", "television"],
        squirrel: false},
        {events: ["work", "ice cream", "cauliflower",
                "lasagna", "touched tree", "brushed teeth"],
        squirrel: false},
        {events: ["weekend", "cycling", "break",
                "peanuts", "beer"],
        squirrel: true},
        /* and so on... */
];
```

程式碼的文字內容編排確實有依照構想的保留了各自的內縮編排

奇妙的知識：

你知道嗎？這本書提到的電子書做法都是指可重排式電子書，那麼固定式版面電子書呢？除了漫畫或是整頁不能動的書籍才要做固定式電子書外，做固定式電子書只是在自 High 而已，除非你是基於興趣，不然真沒特別需要去研究固定式電子書的做法。

82 ▏輸出圖片品質的影響

如果輸出 ePub 的圖片品質不佳，在「轉換設定」頁籤中，把「解析度」調整為 300ppi（預設值為 150ppi）、「影像品質」設定為最高，就能大幅改善圖片顯示問題。

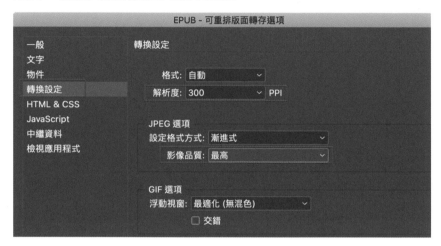

雖然可以解決圖片品質不佳問題（下圖左邊 150ppi，右邊 300ppi），但是檔案大小也暴增 2 倍左右，有時候檔案過大就沒辦法上架電子書平台，要自行評估取捨。

所有者，而收款人透過對簽名進行檢驗，就能夠驗證該鏈條的所有者，具體交易模式如圖1-2所示。

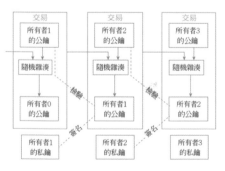

所有者，而收款人透過對簽名進行檢驗，就能夠驗證該鏈條的所有者，具體交易模式如圖1-2所示。

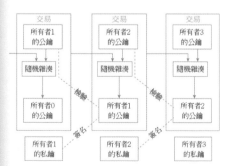

83 | 拉線圖説的圖要如何順利產生在電子書上

　　我們在編排一些版面豐富的圖書時，經常會有拉框、拉線、解釋文字說明等等在一張圖上呈現（後面簡稱拉線圖說），通常在 InDseign 裡便利的做法是把這些元素全部做好後群組起來，再嵌入到內文裡，如下圖所示。

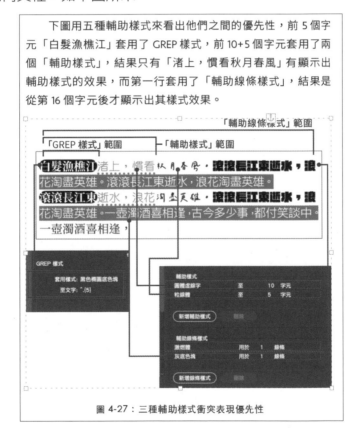

圖 4-27：三種輔助樣式衝突表現優先性

　　這個方法很正常，但是如果想要 EP 同步的話，需要考慮兩點：第一、圖文編排的豐富度會不會太高？第二、圖片數量會否太多導致檔案過大？

　　在這裡想強調的是，如果你想在最省成本的狀況下，才需要去考量這兩個因素，圖文編排太豐富，建議就不要弄可重排式電子書了；圖片數量過多不是你不想上架電子書，是因為檔案過大平台不願意讓你上架，最後你也只能提供 PDF 檔或是固定式版面電子書上架。

　　如果是在可以考量的範圍下，想要達成 EP 同步，那麼這些拉線圖說有一個建議做法：那就是一樣在 InDesign 中加入圖框、線條、文字等，再把它們群組後拷貝貼到 Illustrator 上，利用「工作區域工具」設定符合圖片大小的工作區域，記得再把文字轉外誆（cmd / Ctrl + Shift + O）。

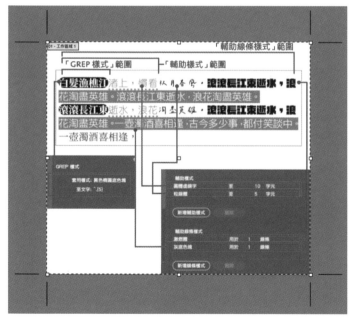

在 Illistrator 中設定好符合圖片大小的工作區域、文字轉外誆

　　然後把這張圖另存成 ai 檔，再回貼到原來的 InDesign 位置處。

NOTE. 原來在 InDesign 的群組物件建議保留著，以避免萬一需要修改文字的情況發生。

　　下圖用五種輔助樣式來看出他們之間的優先性，前 5 個字元「白髮漁樵江」套用了 GREP 樣式，前 10+5 個字元套用了兩個「輔助樣式」，結果只有「渚上，慣看秋月春風」有顯示出輔助樣式的效果，而第一行套用了「輔助線條樣式」，結果是從第 16 個字元後才顯示出其樣式效果。

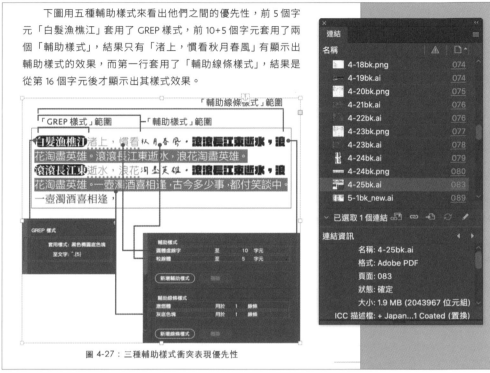

圖 4-27：三種輔助樣式衝突表現優先性

把轉存好的 ai 圖檔置入原來的位置，
這樣不管是輸出紙本 PDF 或是電子書 ePub 都可以共用

84 ｜直排書改橫排電子書的設定

　　一般我們常遇到出版社要求把直排書或是橫排書都改成直排書的電子書編排，坦白講我不是很愛這樣的操作，因為單純用 InDesign 轉製成直排書的顯示效果不太妙，要好看一點的話就需要細緻微調，還是老話一句，你有多少製作成本？

　　相反地，我比較喜歡都改成橫排書，尤其如果遇到直排書，我還是會把它改成橫排書製作，因為這是所有平台都能接受的格式、顯示效果也比較正常，有些平台也支援橫排轉直排的轉換功能，除非必要真心不要去弄直排設定。

　　要把直排書改成橫排書一個簡單關鍵，就是另外新增一個橫排文件，再把原本直排書的內容全部拷貝貼入，然後該修改的樣式或是圖案置入或是轉正的動作就還是要做。

在直排中有設定錨定物件的圖，通常要再把圖轉正回來

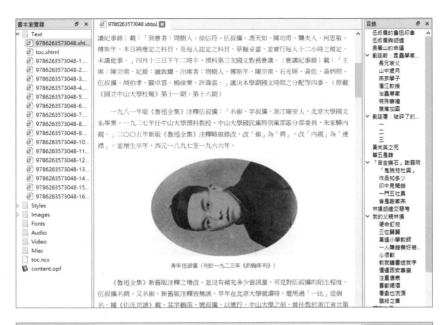

如果圖片不轉正的話，在輸出電子書時就會看到「歪」的圖

85 | 段落樣式中避免更動語系設定

在做電子書時，有一個小小細節要注意的是，段落樣式中，「進階字元格式＞語言」要選定為我們常用的「繁體中文（台灣地區）」選項，雖然這是我們安裝中文版預設的選項，但是如果你經常排版不同語系的文件，有時候還是會不小心用到像是「簡體中文」語系的設定。

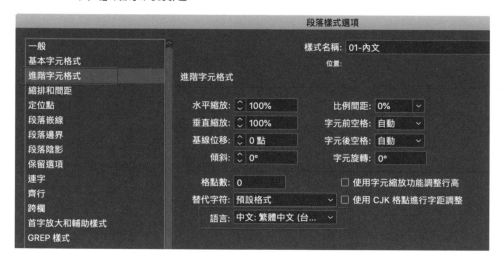

如果你不小心用到了「簡體中文」語系設定，其實在排版文件上有時候不見得會看出差異，甚至在輸出電子書時也不見得有差別。

但是不怕一萬，就怕萬一，我印象中記得因為設定語系錯誤的關係，ePub 輸出就出現奇怪的問題。除此之外，以設計角度來看，輸出的 ePub 其原始 HTML 也會產生很多的冗餘碼，例如下面顯示的是繁體中文語系產生的 ePub 頁面與 HTML 編碼的頁面。

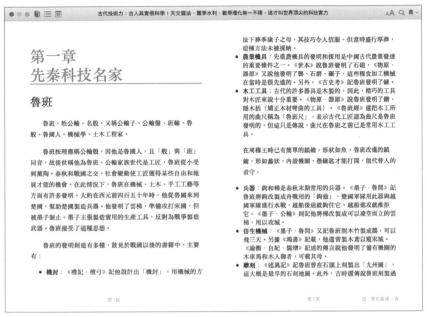

Mac 的「書籍」APP 顯示的電子書畫面

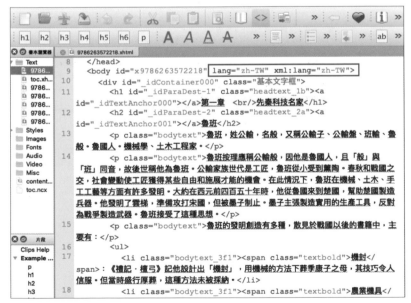

正常繁體中文語系的 HTML 畫面，可以看到文件宣告是繁體中文 zh-TW

當你的內文有設定了簡體中文語系，在 ePub 輸出的宣告上就會變成「簡體」，下圖的範例中，我只針對內文樣式設定「簡體中文」語系，其它保留原本繁體中文語系設定，結果就會看到那些代表章名的 <h1>、中標的 <h2> 與項目編號的 <li> 標籤後方都追加了 lang="zh-TW" xml:lang="zh-TW" 的描述（圖中框線標示處），其實這些都是多餘無用的描述，但是因為有一顆老鼠屎指定了不同的語系，所以其他段落樣式代表的標籤都會加上這段描述，就整個 HTML 來看就很冗餘。

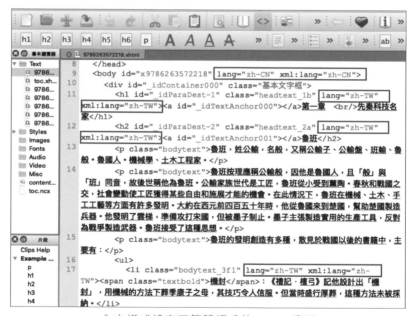

內文樣式設定了簡體語系的 HTML 畫面

這樣的情形除了難看以外，也會引起部分錯誤問題，所以如果你下次看到奇怪無解的問題時，可以到語系這邊看看。

86 ┃碎碎念的 InDesign 文件轉 ePub 心得

　　我曾經有幸接過某家出版社一次委託五十本的教科書轉製作業，那時面對不知名的設計者稿件，有淒慘無比的、有品質尚可的，總之就是要將這些良莠不齊的作品統一化，輸出成可以上架的電子書，那時為了找出這些出版文件的規律與順暢的解決方案，花了很大的力氣，也整理了一些簡短的心得，這一章提到的內容其實都是這些濃縮後的成果，當然還有一些沒有提到的建議，下面就把這些碎碎念的心得放上來，因為是碎碎念的格式，沒有實質的說明或範例，只能大家記在心上或各自體會了～

拿別人的書冊文件進行轉製ePub的問題

1. 檔案版本可能過新
2. 需要重新連結圖檔或遺失圖檔
3. 遺失字型警告
4. 記憶體耗費量大，容易當機
5. 每一章的字型種類太多太複雜
6. 沒辦法完整確認用到哪些段落樣式
7. GREP 樣式、項目編號、首字放大設定中有太多字元樣式
8. 種類繁多的字元樣式
9. 每一章的物件樣式都不同
10. 表格樣式有或沒有或太多
11. 一堆沒必要的交互參照
12. 無節制的段落與字元樣式設定
13. InDesign 製作的群組圖案需重轉
14. 必要的字元沒有指定字元樣式，像是上標字、斜體字、粗體字……

15. 建立太多沒必要的文字框

16. 分冊檔案過多

17. 重組成一個檔案後輸出 ePub3 有問題（目錄跑不出來、全選複製就當機）

其他人文件的常見問題

1. 過多強制斷行

2. 過多優先選項問題

3. 同一階層的標題或內文樣式種類設計過多（紙書沒錯，電書沒必要）

4. 沒有做表格樣式與儲存格樣式

5. 錨定物件沒有指定物件樣式

6. 重要的註解文字沒有設定上標字的字元樣式

7. 文件註腳選項要去設定註腳的上標字元

8. 章名頁內容放在主板頁面上

9. 配合文件寬度製作的強制斷行

10. ID 製作出來的數學公式

11. 造成當機的奇怪表格，請轉成圖片吧

單一文件可能問題更多

1. 沒有段落樣式

2. 太多框架式的標題

3. 太多浮動文字框、註解、頁眉等

4. 沒有表格樣式設定

5. 圖檔名稱非英數名

6. 圖框內的文字變成溢排文字

書冊文件製作的建議要點

1. 開啟書冊文件，用來當作參考順序與開啟檔案用
2. 從最後一章的內容開始整理，依序往回整理製作
3. 把最後一章的檔案文字（包含錨定物件）全部拷貝到新開的文件中
4. 新開文件用 cmd + opt + N / Ctrl + Alt + N 開啟，不用考慮尺寸，省下兩步驟
5. 用剪下的方式而不是拷貝的方式，可以看出原文件用了什麼浮動的圖片或框架
6. 開啟 cmd + opt + I / Ctrl + Alt + I、cmd + opt + Y / Ctrl + Alt + Y，查看串連文字框與顯示隱藏字元，方便查看內文文字的狀態
7. 將看到的段落樣式逐一重新設定字型（解除遺失字型的紅色標示狀態）與指定轉存標記
8. 把有必要的字元樣式進行整理（指定字型與轉存標記）
9. 必要的字元樣式有粗體、上標字、斜體、底線等，其他皆為非必要可忽略或刪除（最後再刪除）
10. 檢查物件樣式並指定
11. 檢查表格樣式與儲存格樣式並指定
12. ID 內製作的圖形物件轉到 AI 另存成 ai 置入
13. ID 內製作的圖形包含文字時，在 AI 中直接全部轉外框（cmd / Ctrl + Shift + O），省得重新更換優先選項造成字型跑掉
14. 連結圖檔確認修改檔名為英數名稱（數量多時可用指令碼處理）
15. 不必要的超連結刪除
16. 文件註腳選項裡的註腳字元樣式與注腳段落樣式指定
17. 內文中的優先選項去除
18. 重複相似的段落樣式不要刪掉，套用相同的 CSS 類別

19. 最後把用不到的字元樣式全刪掉（逗號、長破折號、日文韓文等），刪除時取代為 [無]，「保留格式設定」選項要取消勾選，很重要喔！再把所有內文的優先選項去除（不一定）

20. 更新第 19 項做法，不用管它，在轉存標記中不勾選「在 HTML 中包含類別」

21. 設定目錄，檢查目錄裡的章節有沒有問題

22. 輸出 ePub3，並用 ePub-Checker 檢查

最不受歡迎文件屬性排行：

1. 沒有段落樣式

2. 沒有串連文字框

3. 書冊檔案數過多

4. 一堆數學公式圖形

5. 圖形或表格沒有錨定在內文中

6. ID 製作圖形過多、又沒錨定

7. 表格數量過多又沒設定表格與儲存格樣式

8. 表格內有圖

9. 表格數量過多，但指定過多表格與儲存格樣式

10. 標題都用群組物件或圖形化物件錨定化

11. 中文圖檔過多

12. 用主板頁面做篇章名頁內容

13. 例外樣式過多

14. 無主樣式的內容

15. 製作奇怪符號字元

16. 項目與編號都不用項目符號和標號樣式設定

17. 超連結設定

InDesign的計價參考（如果你想接外包電子書的話）：

1. 段落樣式計價
2. 字元樣式計價
3. 點陣圖數量計價
4. ID 內建圖形計價
5. 書冊檔案數量計價
6. 連結圖檔名稱修改計價
7. 未用段落樣式計價
8. 表格樣式計價
9. 複雜化標題（利用圖形框群組的標題群組）計價
10. 頁數計價
11. 超連結計價
12. 註解文字計價
13. 目錄計價
14. 主板頁面計價

奇妙的傳聞：

你知道嗎？電子書要做得快的秘訣就是多做！雖然這聽起來很廢話，不過我要說的一個更傻眼的事實是，美編還真難找到可以大量接案的來源、或者越接錢越少的窘境，台灣電子書明明數量在增加了，但是能接手製作的數量卻沒有變多，一來大部分的轉製還是在平台合作的外包商手中，二來出版社還是不想花錢，所以大部分在做電子書轉製的不是美編，而是臨時工讀生居多。

CH08
其他的設定與調整

　　這是最後一章了，這一章收集了一些沒辦法歸類在前七章的內容，主要有圖片設計方面的內容與特殊問題，最後一個單元甚至研究起了目前最流行的 ChatGPT 對自動編排的影響，也都是一些很實用的技巧喔～

87 ┃讓 Word 匯入的圖片全部錨定置中

當我們在 InDesign 匯入 Word 檔案時，如果有勾選「讀入內嵌圖形」時，就會將 Word 裡面的圖片都載入到文件裡。載入的圖形預設都是以「錨定物件－行中」的方式嵌入文件。

這樣的方式嵌入的圖片有時候看起來沒問題，就像下面的範例這樣。

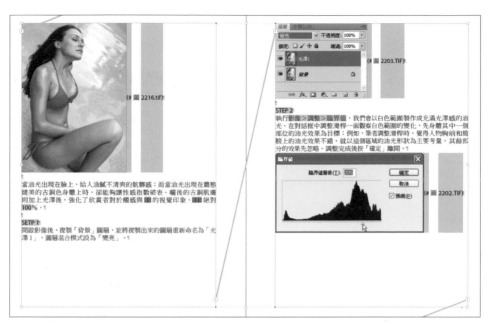

但是這個範例的段落樣式還沒重新整理，如果將段落樣式重
新整理好的話，就會看到含有圖片的內容變成這樣：

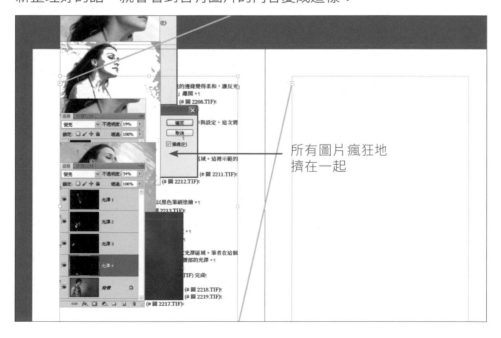

所有圖片瘋狂地
擠在一起

一本書如果有幾十上百張圖片變成這樣，一個一個用快速鍵設定錨定物件也要花很久時間，這時候有一個方式可以一鍵快速完成設定。

首先，我們先建立一個物件樣式，例如這裡取名為「置中錨定物件」。

在「物件樣式選項」視窗中設定「錨定物件選項」，指定為「行上方」與「對齊方式：置中」。

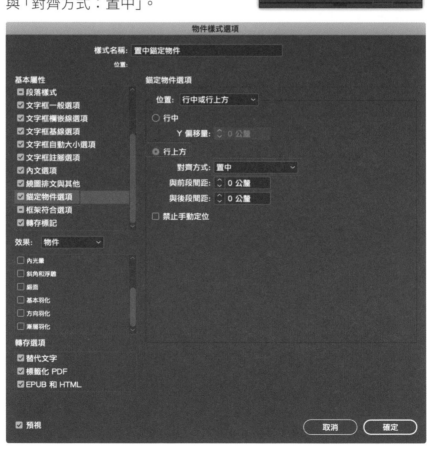

　　接著按下 cmd / Ctrl + F 開啟「尋找 / 變更」視窗，選擇「物件」
頁籤，在「變更物件格式」中指定剛剛建立的物件樣式「置中錨定
物件」，下方的「類型」指定為「圖形框架」。

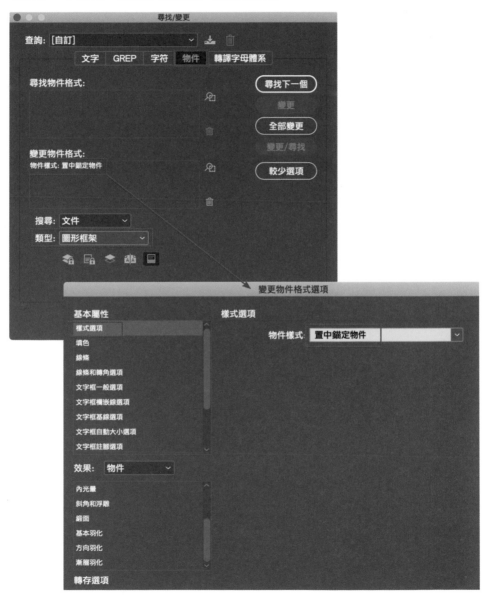

　　按下「全部變更」，就會看到所有的圖形都乖乖的置中排列好了。

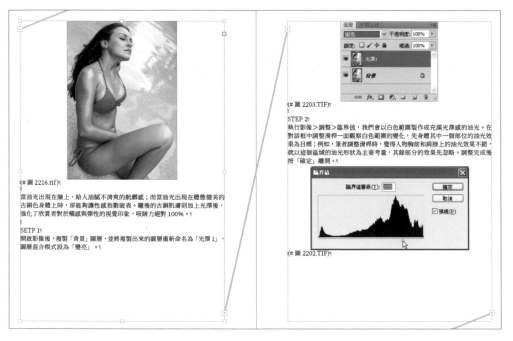

(# 圖 2216.tif)¶

當油光出現在臉上，給人油膩不清爽的骯髒感；而當油光出現在體態健美的古銅色身體上時，卻能夠讀性感指數破表。曬後的古銅肌膚則加上光澤後，強化了欣賞者對於觸感與彈性的視覺印象，吸睛力絕對 100%。¶

SETP 1¶
開啟影像後，複製「背景」圖層，並將複製出來的圖層重新命名為「光澤 1」，圖層混合模式設為「變亮」。¶

(# 圖 2203.TIF)¶

STEP 2¶
執行影像＞調整＞臨界值，我們會以白色範圍製作成充滿光澤感的油光。在對話框中調整滑桿一面觀察白色範圍的變化，先身體其中一個部位的油光效果為目標；例如，筆者調整滑桿時，覺得人物胸前和肩膀上的油光效果不錯，就以這個區域的油光形狀為主要考量，其餘部分的效果先忽略。調整完成後按「確定」離開。¶

(# 圖 2202.TIF)¶

　　排列好的圖片對於後面的編排與估算頁數就會很有幫助！

88 │利用四則運算調整精確位置

在 InDesign 的輸入欄位中，除了可以輸入一般的數字做修改外，也包含單位的變更，例如原本預設為公釐的物件寬高，可以透過輸入 "30pt" 或是 "30cm" 這樣的單位去改變其大小。

試著輸入 30pt，會自動轉換為 10.283 公釐

而除了單位的直接變更外，輸入欄位中還可以支援四則運算，例如座標 X 為 150 公釐，希望往右 10 公釐，就可以輸入 "150+10" 再按下 Enter 就可以。

除了加法外，減法、乘法、除法都可以用同樣的方式執行。這個的好處就是當你希望某些物件依照精準的單位做變化，尤其像是在作主版的頁眉或其他設計，希望所有物件都統一執行某個變化比例，而每個物件的座標（或其他參數）又不太一樣時，這個直接四則運算的功能，就很方便喔～

89 ▎關於自訂的錨定物件選項

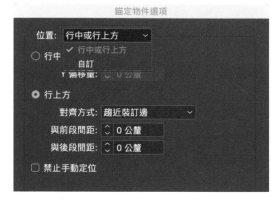

　　錨定物件選項在「位置」欄位中可以選擇「行中或行上方」與「自訂」兩個選項。一般來說，我比較常用的是「行上方」的置入方式，早期我遇到「行中」或是「自訂」的置入方式都會非常厭惡地將它們轉變為「行上方」的置入方式。

　　不過後來我發現「自訂」這個置入方式，在編排圖片多樣化的設計時，非常有用。一方面「自訂」可以保留有錨定物件的性質，讓圖片與內文並存在文字框中，在轉換為可重排式電子書時，不用擔心圖片飛到文件底部的錯誤情形，一方面「自訂」又允許圖片可以在編排頁面大肆變化，不管是要放到出血位置、占滿全幅版面、與文字內容左右或上下邊對峙、繞圖排文等等，相當於把圖片直接浮動到版面上隨意安放的自由度。

上文的圖文編排就是利用了「自訂」的錨定物件特性與矩行框架的文繞圖設定做出來的

使用「自訂」方式讓圖片錨定排在適合的地方，又不會影響文字流暢度

再複雜的版面都可以用「自訂」的方式完成 EP 同步輸出

使用自訂的錨定物件時，我會設定兩種物件樣式，一種是圖

片置中「行上方」的物件樣式 A，一種是隨意設定位置但是把「保持在頂端 / 底部欄邊界之內」選項取消勾選的物件樣式 B。

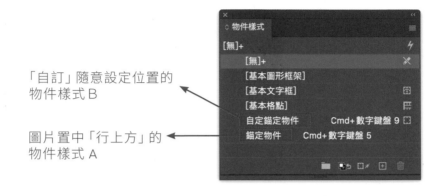

「自訂」隨意設定位置的
物件樣式 B

圖片置中「行上方」的
物件樣式 A

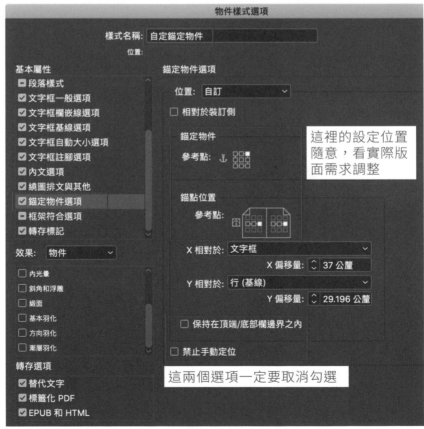

這裡的設定位置
隨意，看實際版
面需求調整

這兩個選項一定要取消勾選

我會這麼做的原因是，對於圖片，我會先全部套用物件樣式 A 並放到新拉出來的文字框中，這些圖片也許會有對應的圖說文字，我們可以把圖說文字放在圖片下方。

對這個文字框套用物件樣式 B，再貼到內文中應該出現的位置，這時候位置會很奇怪，沒關係，請直接拖曳這個文字框到適當的位置。這樣除了讓我們紙本編排版面更豐富外，也可以讓輸出的可重排式 ePub 抓到正確的圖文順序，達到 EP 同步的目的。

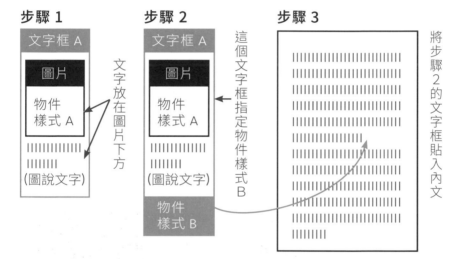

步驟 1

文字框 A

圖片

物件樣式 A

||||||||||||
||||||||
（圖說文字）

文字放在圖片下方

步驟 2

文字框 A

圖片

物件樣式 A

||||||||||||
||||||||
（圖說文字）

物件樣式 B

這個文字框指定物件樣式 B

步驟 3

將步驟 2 的文字框貼入內文

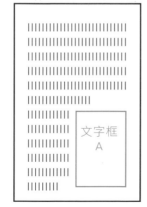

步驟 4

文字框 A

適當調整圖片的位置，配合繞圖排文的設定（或是拉出繞圖排文的矩形框架），就可以讓圖片與文字都綁定在內文中

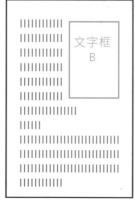

步驟 5

文字框 B

文字框 A

輸出可重排式 ePub 時，這些圖片與文字就會照順序出現

　　上面圖片加文的方式通常是指圖片與文字有需要固定的間距的情形，有些情形是文字會壓在圖上，這樣可以把文字與圖片群組後，套用物件樣式 A 或 B 再貼到內文中，一樣是可以的。雖然群組物件在轉換電子書時會產生錯誤訊息，但是轉換為 ePub 時，壓在圖片上的文字會很乖地出現在圖片下方，真是棒呢！

　　所以，雖然這樣的設計方式需要的步驟多了一些，但是對於想要一次做好可以 EP 同步的檔案來說，是很值得的，下次遇到圖文編排豐富的內容時，除非你不想，不然你還是可以把內容變成可重排式電子書喔。

　　如果你是編輯，就可以跟美編講這樣的方式可以轉換成可重排式電子書；如果你是美編，千萬不要讓你的編輯看到這篇內容，因為他們應該不會知道你原先編排的過程中是否有用到這樣的方式──你應該知道我的意思吧！

在 InDesign 編排設計好的圖文版面，其實每張圖都有出現的順序

轉換成可重排式 ePub 時，這些圖片都會依照錨定的位置排列，圖說文字也會一併出現在各自的圖片下方

90 ┃印刷疊印的解決方法

　　傳統印刷在拿到紙本或看樣時，有時會遇到印出來的顏色跟 InDesign 看到的不太一樣，通常可能是因為疊印問題導致顏色不太對，在 InDesign（或 Illustrator）上面可以開啟「疊印預試」來檢查是否有物件設定了疊印效果。

　　舉例來說，下面第一張圖是在電腦螢幕上看起很正常的插圖。但是第二張圖在「疊印預視」情況下，就會出現牙齒與嘴巴的顏色不太對勁，實際印刷時，就會出現第二張圖的樣子。

通常如果是插圖的問題（例如用 Illustrator 做封面），可以在 Illustrator 中開啟「屬性」面板，選取有問題的物件，取消「疊印填色」。

然後就會看到物件填色變正常了。

在 InDesign 中也會有物件套用到疊印填色的問題，導致顏色不太正確，這時候在「效果」面板中，勾選「群組分離混色」，疊印的效果就會消失。

奇妙的知識：

你知道嗎？本書第 5、6 章提到的表格與目錄設計的篇幅雖然是最少的，但不表示這兩個設計元素是不重要的，我曾經上過的版面設計課老師跟學生們說，表格與目錄的設計很簡單，但是要設計的好看卻很難，能設計出好看的表格與目錄，就可以看出你的設計能力。

我們曾經有一堂課的時間就是要求學生繳交表格與目錄設計來評論學員的能力與設計討論，如果你想增進自己的設計能力，除了自動化快速的設計外，在不影響工作時程上，你也可以動動腦想想怎麼美化這些設計元素！

91 ▍大量圖片重複修改方式的快速方式

當我們用 Word 匯入有很多圖片的稿子時，常常會覺得置入圖片大小不適合，通常也只能手動一個一個調整大小，不過如果固定調整的大小比例是一樣的，例如全部都是縮小 80%，那麼至少還有一個快速簡單的方式可以幫忙。

原先編排版面置入的圖片大小都是 100%，版面配置上有點鬆動

首先先針對第一個圖進行縮小。

完成第一步後，可以在第二張圖按下 cmd + opt + X / Ctrl +

Alt + X 快速鍵，或者按下「物件＞再次變形＞再次變形」指令（不過這樣就太慢了），就會發現第二張圖跟著縮小 80% 了。

對第二張圖片按下快速鍵

下方的空白變多了

用同樣的方式在後面的圖按下快速鍵 cmd + opt + X / Ctrl + Alt + X，這些圖片就會套用前面執行過的變形效果。如果你要更換為其他比例，例如縮小 90%，就要先讓 InDesign 記住一次 90% 的變形效果，後面就可以繼續套用。

善用這樣的變形快速鍵，在做大量圖文編排時，就可以讓你的版面騰出更好的空間來編排，例如這個範例最開始畫面上的圖都是 100%，但是因為都改成了 80%，可置入圖片的空間變多，連帶也影響後面頁面的編排，下面就是經過修改後的版面配置。

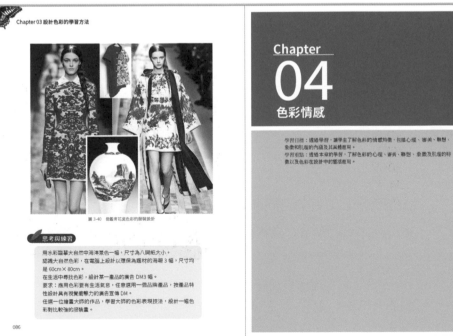

92 | 不需要 Excel 就可以將數字轉換成長條圖

在 InDesign 中要根據數字大小製作出數字的長條圖似乎是不太可能，一般會在 Excel 中跑出長條圖來置入，不過有網路大神製作了一個指令碼，利用 GREP 的方式產生出長條圖，下面來看看怎麼使用吧！

首先，先去下載這個神奇的指令碼，我提供的空間下載處：

https://reurl.cc/OvqvgD

接著以下面的例子來示範，隨意填寫一些數字並分段，文字框記得要拉寬一點，當數字越大需要的寬度越長，如果發現做不出長條圖，可能是文字框的寬度不足以及數字範圍的差距過小。

接著按下下載的指令碼「grepstylegraph.jsxbin」，指令碼的安裝使用請參考拙作《InDesign Tricks：專家愛用的速效技法》或我網站上的教學文章吧。

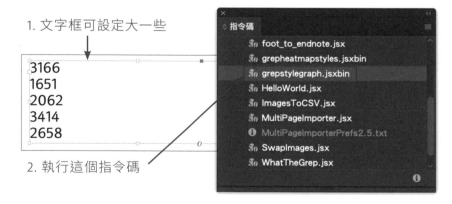

1. 文字框可設定大一些

2. 執行這個指令碼

接下來的對話框按下「Yes」表示要執行此項動作。

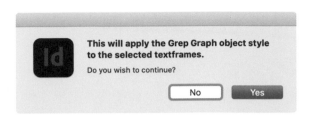

再來出現選擇長條圖的顏色數量，最多好像 9 個，這個例子用了 5 個數字，就選擇 5 吧。

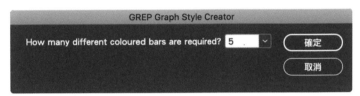

執行完畢，請按下「OK」結束。

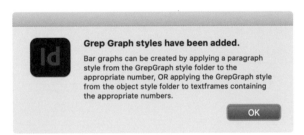

然後就會看到原本的數字變成了 5 種顏色的長條圖。

93 ▍利用醒目提示工具找出問題文字內容

有些編排內容在正常的檢視環境下，看起來很正常，但是其實有做過很多細微修改看不出來，這些修改被稱作優先選項，我們在 P.092 的〈快速清除段落的優先選項〉這個單元有提到這個。

看起來很正常的稿件內容

如何快速檢視這些優先選項呢？其實很簡單，在「段落樣式」面板上方有個 [a+] 圖示，這個圖示名稱為「樣式優先選項的醒目提示工具」，就是用來切換顯示優先選項。

當你按下啟用這個圖示按鈕後，就會看到內容出現螢光藍色的底色塊標示，這些色塊標示的文字表示有做過調整。同理，下次如果你發現你的文件有這種

螢光藍色色塊，別害怕，你只是不小心啟用了樣式優先選項的醒目提示工具。

剛剛看起來很正常的稿件，其實有一堆的細部修正或是問題！

94 ▎非結合子的特殊應用

非結合子是一個沒有寬度的字元，它通常用在禁用特定位置的連字上，簡單說就是將連結的兩個字給去掉連結關係（就不讓它結合咩），可以用在要分離「黏」在一起狀態的字元間距設定。

應用案例1：項目或編號文字的獨立修改

在項目（或編號）樣式中，當你將項目（或編號）符號後面的文字修改了顏色，因為「繼承」的關係，項目（或編號）符號也會跟著改變顏色。

1. 打破傳統單純寫生教學的模式，要學生從色彩構成的思考逐漸轉換成設計色彩的創造性思考。
2. 在設計色彩的教學過程中，引導學生建立為市場服務的意識。

⊙紅色光 + 綠色光 = 黃色光
⊙紅色光 + 藍色光 = 紫色光
⊙綠色光 + 藍色光 = 青色光

修改局部顏色時，前面的項目（或編號）符號就會跟著改變

除非你透過使用 GREP 樣式或是指定項目（或編號）符號的字元樣式，才有辦法讓項目（或編號）符號不會跟著後面的文字顏色改變。

1. 油畫筆：油畫筆有寬窄、方圓之分，主要特點是筆頭具有寬度和較強的彈性，較水彩和水粉筆硬。

⊙紅色光 + 綠色光 = 黃色光
⊙紅色光 + 藍色光 = 紫色光
⊙綠色光 + 藍色光 = 青色光

利用 GREP 單純改變這裡的顏色

指定項目符號的字元樣式，這樣後面修改顏色時也不會被改變

如果你只是很單純的設定了項目（或編號）的段落樣式，並且只是想要修改局部文字顏色，但又不想要前面的項目（或編號）符號跟著改變，就可以使用非結合字元。

使用的方式很簡單，在項目（或編號）符號後面按下右鍵，選擇「插入特殊符號＞其他＞非結合子」。

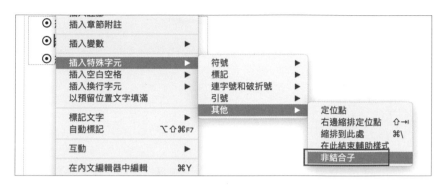

插入之後，可以看到產生一個藍色勾勾的字元符號。

⊙紅色光＋綠色光＝黃色光¶
⊙紅色光＋藍色光＝紫色光¶
⊙綠色光＋藍色光＝青色光#

接下來選取這個非結合子後面文字，並修改顏色，就會看到項目符號沒有跟著改變顏色。

⊙紅色光＋綠色光＝黃色光¶
⊙紅色光＋藍色光＝紫色光¶
⊙綠色光＋藍色光＝青色光#

NOTE. 如果你沒看到非結合子字元，可能是沒有開啟顯示隱藏字元，請按下快速鍵 cmd + opt + I / Ctrl + Alt + I 即可。

應用案例2：首字放大的應用

國外很有名的案例是用在調整首字放大的隔離間距調整，下面就用一個首字放大的內容做示範。

Victoria's Secret（維多利亞的秘密）是美國最大的連鎖女性成衣零售店，主要經營內衣和泳裝等，而且此品牌的年度秀場《維多利亞的秘密時尚秀》也是全世界最熱門的時尚秀場之一。#

上面的例子中，只是很簡單的做一個首字放大，設定 4 行、1個字元的首字大小，並套用洋紅色的字元樣式。

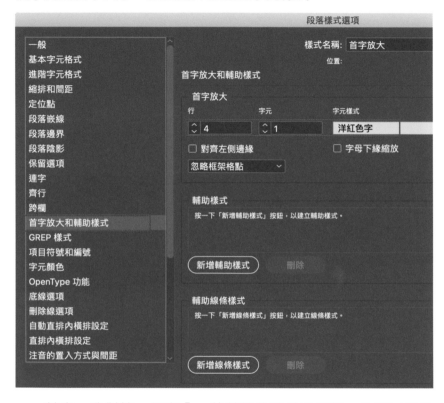

首先，我對第一個字「V」的基線位移做了調整，也可以另外指定一個字元樣式，讓「V」往上移動兩行的高度。

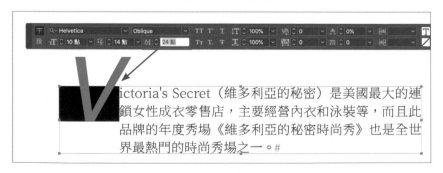

接著，我要把內文字整個往左偏移，所以需要在「字距微調」

那邊修改距離，負值往左，正值往右，這個例子輸入 -475 即可。

重頭戲來了，我想要讓第一行文字往右偏移，這時些需要在「V」的後面插入非結合子字元。

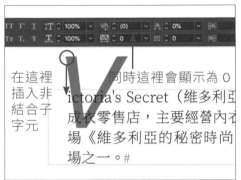

這時候就可以只針對第一行的位置往右邊偏移，偏移到 3275 的位置差不多就是我們要的地方。

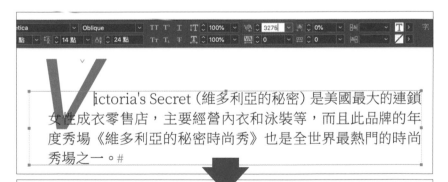

應用案例3：修復文字狀態

　　這是國外大神分享的一種文字狀態修復，由於是國外案例，這個範例應該只適用於非東亞語系的文字，它的文字錯誤狀態是類似每個單字中有部分字元是斜體字元樣式。為了便於觀察，我把這些斜體字加了紅色來凸顯。

When · shepherds · quarrel, · the wolf · has · a · winning · game.#

> **NOTE**. 這種形式的問題很多來自於 PDF 轉換為文字時可能會發生的，而這裡示範的方式並不是絕對，因為同一種描述在 GREP 的表達上可以有很多種，請大家可以用自己的想法去試試。

　　好，首先我們的第一步是要把斜體字找出來，在它的右邊插入一個非結合子字元 ~j。

- ☑ 尋找目標：[\S\h]+
- ☑ 變更為：$0~j
- ☑ 尋找格式：紅色斜體字

[\S\h] 表示非斷行外的所有字元，~j 是非結合子字元，主要是用來當中繼的標記使用。插入非結合字元後，顯示隱藏字元，就會看到紅色斜體在右邊有一個藍色勾勾的隱藏符號。

When·shepherds·quarrel,·the wolf·has·a·winning·game.#

接著再使用一次 GREP。語法如下：

☑ 尋找目標：\p{l*}*~j\p{l*}*
☑ 變更為：
☑ 變更格式：紅色斜體字

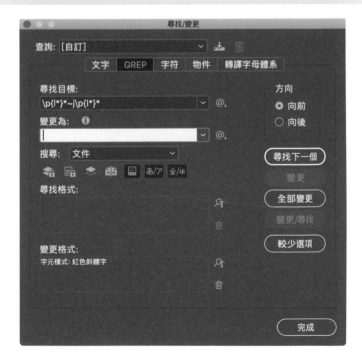

這樣子穿插有紅色斜體字字元的那些單字就會全部變成紅色

斜體字的字元樣式。\p{l*} 表示所有字元，其實用 . 或是 [\u\l] 取代也可以，畢竟這個案例只有英文字。

When·shepherds·quarrel,·the·wolf·has·a·winning·game.#

　　最後，我們再把充當中繼的非結合子元給拿掉就可以了，所以再一次使用 GREP 取代：

☑　尋找目標：~j
☑　變更為：

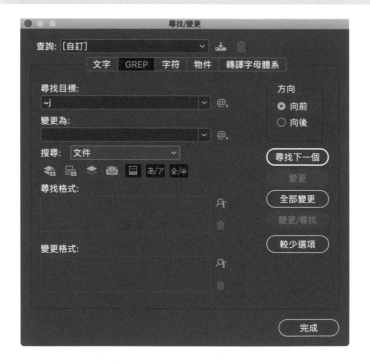

這樣就完成了文字復原的流程。看完後,是否覺得這種文字復原在中文字句找不到相似的場景呢?不過也許在編排英文內容時就有機會遇到吧～

When·shepherds·quarrel,·the wolf·has·a·*winning·game.*#

奇妙的彩蛋:

你知道嗎?這本書出現的三隻賤賤貓插畫,出自我的好朋友 MAY 之手(她曾是世界最大動畫代工公司宏廣動畫的插畫師),有兩隻角色是第一版的著作時出場,出現在章名頁的那一隻是最新的。MAY 的插畫有一種溫馨、有趣的鄰家風格,喜歡她的作品可以找她合作喔～

95 ┃建立與背景相融的立體鏤空文字

　　要製作好看的立體鏤空文字不見得只能在 Photoshop 或是 Illustrator 上面才能製作,其實在 InDesign 透過簡單的操作也可以做出不錯的立體字效果,這個範例比較特別的是在立體的光影上多做了點功夫,並且讓這個立體字與背景可以相融合嵌在一起的感覺,下面提供參考做法給大家參考看看~

　　第一個是準備當背景的圖片,然後建立一個文字,字型選擇「有肉」一點的字體會比較好。

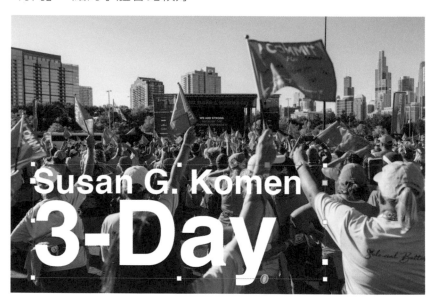

　　選取文字並對文字設定「內陰影」效果。這時候 「有肉」 一點的字型就會比較好看,混合模式為「色彩增值」,其餘依狀況做些微的調整,「雜訊」可以加一點點。

> **NOTE**. 這裡如果猶豫不決的話可以先大概將就一下,因為後面還可以重新設定來調整,所以不用太擔心呈現的效果。

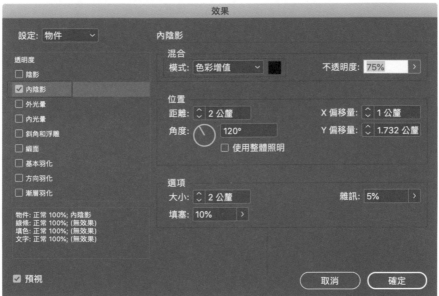

　　接著勾選「外光暈」，混合模式為「網屏」，這裡顏色選擇白色，不同情況下可以選擇不同的顏色，沒有絕對。然後，稍微增加一點點的外光暈即可。

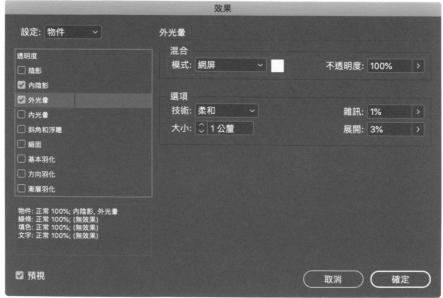

　　完成之後，在原地複製這個文字，可以選擇「編輯＞原地貼上」來進行。接著直接按下 cmd / Ctrl + Shift + O 快速鍵或是選擇「文字＞建立外框」來將原地複製的文字變成外框圖形。

完成後的樣子如下，因為建立外框後原本設定的效果會消
失，變成原先的白色文字，可以在邊緣看到有一點點底層文字透
出的外光暈。

接著請複製底圖圖片，然後對著外框文字按右鍵選擇「貼入
範圍內」或是快速鍵 cmd + opt + V / Ctrl + Alt + V。

> **NOTE.** 這裡要注意一下，如果你輸入的文字只有一行，那麼轉外框文
> 字出來的就只會是一個一般圖形物件；如果你的文字有兩行以上，那
> 麼轉外框文字轉出來的物件會是群組物件。
>
> 這個範例中，因為有兩行文字，所以要先把文字外框物件解除群組，
> 然後分別對這兩個文字外框物件進行「貼入範圍內」。

貼入之後就會變成下面的樣子。

　　這樣看起來很不明顯，接著繼續選取外框文字下，在「效果」
面板中選擇「透明度」，將混合模式改成「色彩增值」，這樣子就
可以透出底圖的內容，又保有外光暈的效果，這樣子立體鏤空文
字效果就完成啦～

效果

設定: 物件 ⌄

透明度

☐ 陰影
☐ 內陰影
☐ 外光暈
☐ 內光暈
☐ 斜角和浮雕
☐ 緞面
☐ 基本羽化
☐ 方向羽化
☐ 漸層羽化

物件: 色彩增值 100%; (無效果)
線條: 正常 100%; (無效果)
填色: 正常 100%; (無效果)

透明度

基本混合

　　模式: 色彩增值 ⌄
　不透明度: 100% ＞
☐ 群組分離混合
☐ 群組去底色

☑ 預視　　　　　　　　　　　　　　(取消)　(確定)

　　　這裡如果你覺得感覺很不明顯，那麼我們可以先把最上層的外框文字先鎖定，然後選取原先設定內陰影與外光暈的文字。進入「效果」面板中調整內陰影與外光暈的設定，就可以讓立體鏤空文字的效果更強烈。

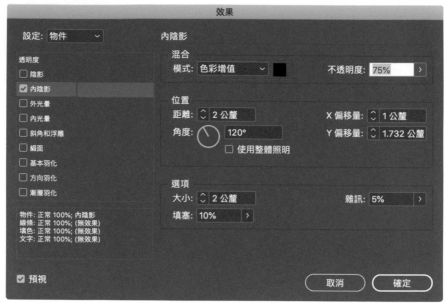

原先的內陰影設定值

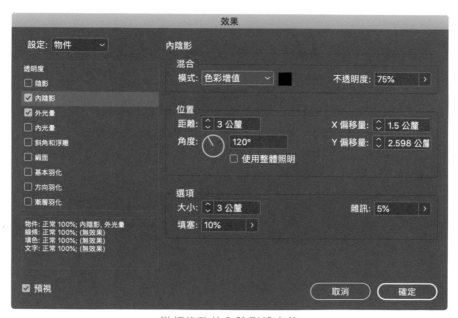

微幅修改的內陰影設定值

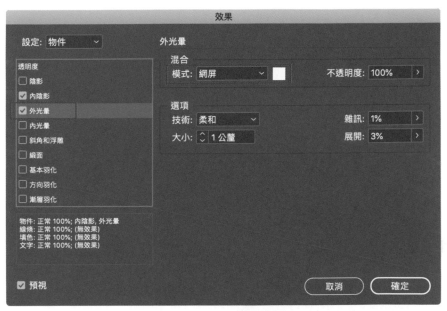

原先的外光暈設定值

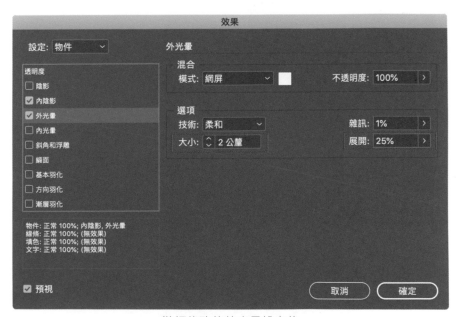

微幅修改的外光暈設定值

96 | 改變 InDesign 的紙張顏色

在 InDesign 的色票面板中，有幾個固定的色票大家可能用那麼久的 InDesign 都沒想過去修改，這裡要介紹的就是去動動 [紙張] 色票的歪腦筋。

一般 [紙張] 色票顏色為白色，我們點擊之後可以像修改其它色票一樣修改顏色，但是這個顏色在實際印刷時是不會有效用的，最大用途是用來模擬紙張顏色套用在設計上的預覽效果，但是如果你指定某些顏色為紙張顏色時，這個色票就會有影響啦，所以如果是白色的物件就請指定為白色，不要用紙張顏色，不然到時印出來就 GG 了。

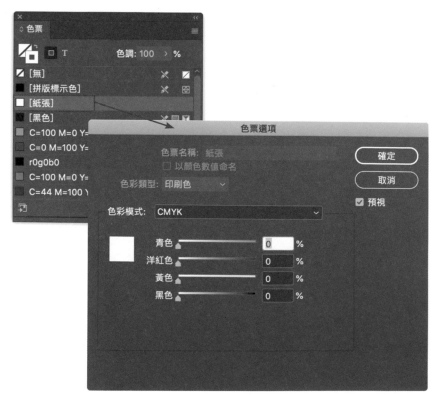

修改紙張顏色的另外一個用途是，當你同時要處理的文件很多又很相似時，就可以利用紙張顏色來分別文件差異。

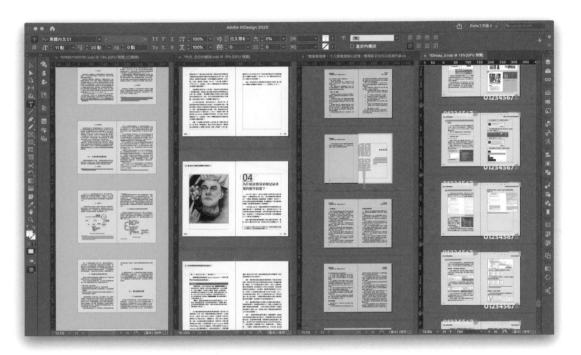

97 ┃製作實際印刷相片框效果

　　在 InDesign 中也可以做出 Photoshop 裡製作的模擬實際印刷的相片框效果，並且可以將這個效果做成物件樣式，讓所有的相片都可以透過一鍵設定通通變成我們想要的相片框效果。

　　首先準備好一張相片，建立相片的外框，對這個物件填色與線條部分都填上 10% 的黑色來模擬相片外框（如上頁圖所示），填色 10% 則是用來待會模擬印刷較暗的顏色表現。所以如果不喜歡這樣的顏色表現，可以在這裡做不同的設定。

　　接下來用「直接選取工具」選取相片，很重要的動作喔！然後在「效果」面板中，將透明度的混合模式設定為「色彩增值」，這樣就會讓相片與 10% 黑做色彩混合，顏色看起來變得有點偏暗，就像實際印刷產生的效果。比較前後圖就可以看出差異喔～

用「直接選取工具」選取相片後，設定「色彩增值」的效果

　　完成邊框與印刷模擬後，接下來加個小陰影吧！這次切換為「選取工具」選取相片，很重要喔，不要選錯了！然後在「效果」面板下方按下「將物件效果新增至選取的目標」按鈕，設定好喜好的陰影效果。

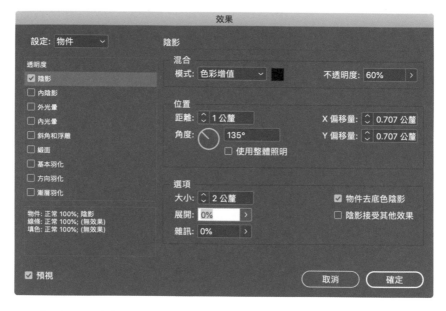

　　這樣子就完成了實際印刷效果的相片框設定。看起來很囉
唆，實際上做起來很快的～

　　接下來我們要把這些動作儲存成一個樣式，開啟「物件樣

式」面板，會發現現在的狀態正處于一個「無＋」的樣式中，這個
「＋」表示有做了變動，這時只要按下下方的「建立新樣式」按鈕。
就會把我們剛剛做的樣式效果都儲存成一個新的物件樣式，這時
候我們把它取個名字以方便識別。

　　然後再試著置入一張圖片，按下這個新設定好的物件樣式，
結果就出現我們要的實際印刷效果的相片框啦～ ^_^

98 ▎利用指令碼快速對換兩張圖片位置

　　有時候我們在編排多張圖片排列時，會想要針對其中幾張照片的位置做對調，一般來說來就是手動調來調去，沒什麼便捷的方式。這裡要介紹一個指令碼，可以將選取的兩張圖片直接進行位置對調，有了這個指令碼後，下次要將圖片更換位置就很方便了。

　　下面是這次要示範的例子。我們選取了其中兩張圖片，然後按下這次要分享的指令碼「SwapImages」。

下載網址：https://reurl.cc/p6M4Ae

　　然後就會看到這兩張圖片的位置進行對調了，很方便吧！

下載連結

可以看到兩張圖片對調了

　　以上是比較簡單的兩種圖片對調位置的方式，InDesign 還有另外一種大量圖片重新更換位置的功能——內容收集器工具，詳細說明我們就留到下個單元做介紹。

奇妙的彩蛋：
你知道嗎？這本書裡有很一些資料來自於我的部落格文章，當然大部分都有做重修修改與更新，不過如果你想了解一些最新的 InDesign 技巧資訊，可以去我的部落格或是臉書粉絲頁，如果你看到的文章對你很有幫助，也希望大家不吝抖內贊助～

99 ▌快速整理 / 置換圖片的方法

在 InDesign CS6 有一個新功能叫做「內容收集器工具」，可以在左邊的工具箱看到，在 CC2017 版之前，使用這個工具都可以看到一個收集面板，如下所示。

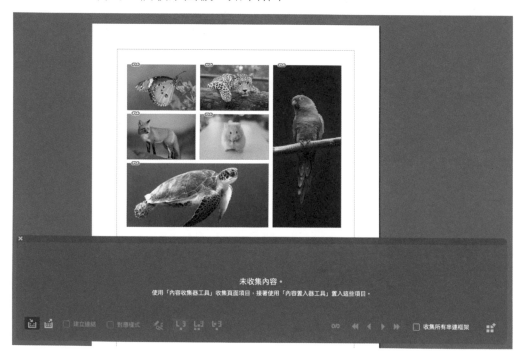

在「內容收集器工具」裡面還有一個「內容置入器工具」，這兩個工具是相對的，「內容收集器工具」用來收集要存放在收集面板裡的圖片，而「內容置入器工具」則是將收集面板裡的圖片依照順序置入到文件中的任意位置。這個收集面板可以讓你清楚看到圖片收集進來跟放置出去的狀態，不過到 CC2018 就把這個收集面板拿掉了，要靠自己記憶收集哪些圖片，蠻奇怪的。

利用「內容收集器工具」逐一點選圖片，就會在下方收集器裡顯示收集的圖片內容

當我們收集好這些圖片內容後，切換到「內容置入器工具」，這時候游標就會看到目前可以置入的圖片，所以 CC2018 版本以後的使用者可以靠這個游標縮圖，知道目前要置入的圖片為何。

利用「內容置入器工具」就可以看到目前置入圖片的預覽縮圖

CC2018 版本以後就沒這個收集面板了

使用「內容置入器工具」時，除了可以在原來的文件上把圖片另外置入新的位置外，也可以在不同的檔案中切換，將圖片放

到不同的文件上。

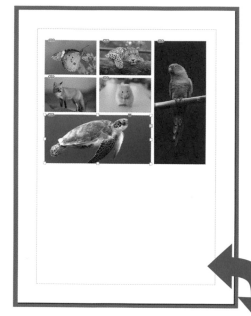

例如原本是在直型版面，切換到橫型版面上做圖片編排。

在置入圖片時，可以透過 Shift 鍵切換置入圖片的直橫版面，左右方向鍵可以切換置入圖片的順序，以及利用 esc 鍵刪掉不要置入的圖片，這些都是很便利的操作方式，記得要記起來！

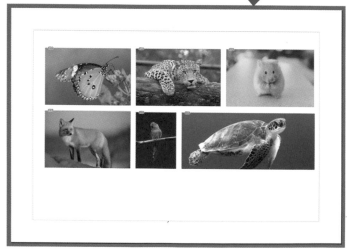

100 | 做出區隔底線與基線下方的字母

英文字母中有幾個字，例如 gjpqy 這幾個字的下伸筆劃（英文稱作 Descender），以及如果用草寫字體的話還要算上 f 與 z，這些字體通常會在基線的下方有一些突出的部分，當我們對這些字母設計了底線時，很有可能底線就會與這些字母的下伸筆劃交錯，視覺上可能比較不漂亮，因此設計時可能會想要避免底線與文字接觸，就有了這一單元的教學。

上圖是基線示意圖，基線下方突出的部位就是下伸筆劃部位。現在我們針對這個文字做了一個底線設計，如下圖所示。

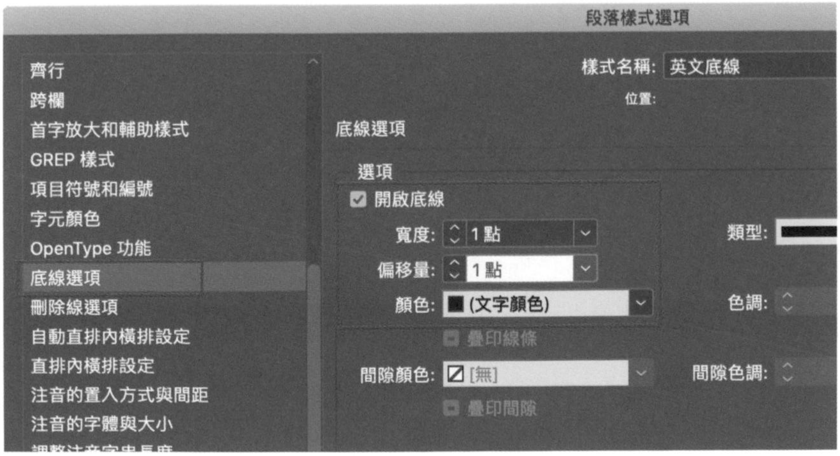

這個樣子可以看出底線與字母下半身交錯，也許有些人覺得沒怎樣，但如果你覺得不喜歡，可以試著這樣調整：如果背景是白色（純色）的話，很簡單的，只要把文字邊框設定為白色就搞定了。

Quijote met a gypsy

如果你覺得這樣的效果放在照片上不太喜歡（如下所示）。

我們可以選取文字物件，利用特效按鈕的「透明度」選項，選擇混合模式為「色彩增值」。

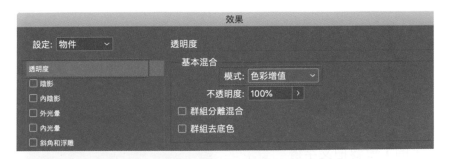

　　這樣子白色邊框就被隱藏了，而且原來的效果也在。

　　但是如果想要做白色文字怎麼辦呢？以上圖來說，白色字也蠻適合的，這時候我們只要把混合模式改成「網屏」。

再把原來的文字填色改成
白色、邊框顏色改成拼板標示
色，這樣就出現同樣效果的白
色文字了。當然這步驟的順序
與上個步驟是可以對調也沒關
係的。

101 | 叫 ChatGPT 幫我寫 GREP

這個單元也算是趕上 AI 話題時事，在我的職場工作中，封面設計已經引進了 Midjourney 讓尋找素材變得簡單，那麼排版有什麼 AI 的運用嗎？老實說目前還沒看到能夠堪用的 AI 排版，倒是想到可以叫 ChatGPT 幫我們寫 GREP。

GREP 在我的臉書、部落格、前一版的著作、或是我另外募資自出版的《GREP Tricks：InDesign 自動化的極致，快速搞定瑣碎繁冗的編排流程》中都有提到，這裡就不再贅述，GREP 很容易學，但如果你忘記語法或想不出來時，就可以試試請 ChatGPT 幫幫忙。

要讓 ChatGPT 正確解答你的問題，其實關鍵就是你要寫出正確的提問詞，例如下面是一個目錄例子，我想要把每一個「Trick xx」的文字內容（含前面的空格）換成「******」的內容。

這時候我們就要去解析我們要尋找的條件有哪些元素：

- 行首的兩個全形空格

- 同樣的關鍵字：Trick

- Trick 後面有一個半形空格

- 至少一個字元以上的數字

- 數字後面有一個空格

上面是我們提出的解析部分，然後要讓 ChatGPT 知道我們詢問的是在什麼軟體下的功能：

- InDesign

- GREP

依照上面拆解出來的元素後，我們就可以請 ChatGPT 幫我們解答一下：

 請幫我寫一段InDesign的GREP語法，搜尋以下條件：行首兩個全形空格、接上"Trick"與一個空白與至少一個數字以上的字元再加上一個空白的字元

 以下是符合您描述的 InDesign GREP 語法：

```
^　　Trick \d+\s
```

這個 GREP 語法可以搜尋符合以下條件的文字：以兩個全形空格開頭，接著是單詞 "Trick"，再加上一個空白，然後是至少一個以上的數字，最後以一個空白結尾的字元序列。

請注意，上述語法中的空白分為全形空格（全角空格，Unicode 編碼為 U+3000）和普通空格（半角空格，Unicode 編碼為 U+0020），請確保您的搜尋目標文字中使用的空白符與此語法中的空白符相符。

上圖是我詢問 ChatGPT 的提問詞與回答。提問詞如下：

描述在什麼軟體下的什麼功能　　　　「尋找 / 變更」視窗用的關鍵語

請幫我寫一段 InDesign 的 GREP 語法，搜尋以下條件：行首兩個全形空格、接上 "Trick" 與一個空白與至少一個數字以上的字元再加上一個空白的字元

第一個條件　　第四個條件　　第二個條件　　第五個條件　　第三個條件

在 ChatGPT 詢問程式語言問題時，都會貼心附上一個「Copy code」按鈕，按下之後，貼到「尋找 / 變更」視窗中，不過一開始貼的時候可以看到結尾多了一個 \r，需要把它刪掉。

文字輸入語法如下：

☑ 尋找目標：^~(~(Trick \d+\s
☑ 變更為：******

接著按下「全部取代」按鈕，就可以看到真的把我們想要的文字替換掉了！

很完美的幫我們把「Trick xx」的文字內容（含前面的空格）全部替換成「******」的內容了！

無法完成的例子1

下面再看一個範例試試看，這個範例來自於《GREP Tricks：InDesign 自動化的極致，快速搞定瑣碎繁冗的編排流程》。

範例文字

漢語的 "基本單位" 或意群可以是一組 "流水句"，而英語句子卻是基本固定不變的 "主語——謂語——賓語" 的模式。

a sense of words that fit the ideas that they embody——with not a line of "deadwood" to dull the reader's attention.

這個範例中，我想要把中文的左右引號改成中式的左右引號「」，而英文中的左右引號就保留原來的西式左右引號" "。在 ChatGPT 中輸入請求，得到的結果如下：

> 請幫我寫一段InDesign的GREP語法，搜尋與變更以下條件：中文裡出現的西式引號""，一律改成中式引號「」，但是英文裡的西式引號保留不變

> 以下是符合您描述的 InDesign GREP 語法：
>
> 搜尋條件：

```css
"([^"]*)"
```

> 替換條件：

```bash
「$1」
```

> 這個 GREP 語法可以搜尋並匹配中文裡的西式引號（""），然後使用替換條件將其替換為中式引號（「」）。同時，這個語法會保留英文裡的西式引號不受影響。
>
> 請注意，替換語法中的 `$1` 是指代搜尋語法中的第一個捕獲組（即 `([^"]*)`），這是為了保留引號內容而使用的。

這個例子中，ChatGPT 就無法辨別中文與英文的差異，依照它的寫法，所有的西式引號會全部變成中式引號。這時應該要做的修改是把代表英文字的 \u\l 給寫進去，變成：

☑　尋找目標："([^" \u\l]*)"
☑　變更為：「$1」

無法完成的例子2

前一個例子是小小的錯誤，接下來看一個可以用專用字元來
說明的例子，ChatGPT 就無法靈活掌握這方面的知識。

0 ～ 9 這個數字中，兩數的成績含有數字 0 的有：$2 \times 5 =$
10、$4 \times 5 = 20$、$6 \times 5 = 30$、$8 \times 5 = 40$，一共 4 個算式。
這樣，就把嘗試的範圍變小了。¶
經驗證，下面的算是符合要求：¶
$7 + 1 = 8$¶
$9 - 6 = 3$¶
$5 \times 4 = 20$#

在這個例子中，我想要把數學符號左右邊的空格都刪掉，這
時候可以用 \p{Sm} 來表示所有數學符號，語法如下：

☑　尋找目標：(\s*)(\p{Sm})(\s*)
☑　變更為：$2
☑　變更格式：紅色字

為了凸顯被取代後的樣子，我把被取代後的字元變更為紅色
字的字元樣式。

0 ～ 9 這個數字中，兩數的成績含有數字 0 的有：$2 \times 5 =$
10、$4 \times 5 = 20$、$6 \times 5 = 30$、$8 \times 5 = 40$，一共 4 個算式。這樣，
就把嘗試的範圍變小了。¶
經驗證，下面的算是符合要求：¶
$7 + 1 = 8$¶
$9 - 6 = 3$¶
$5 \times 4 = 20$#

如過請 ChatGPT 提供 GREP 語法，結果就會變成下面這樣：

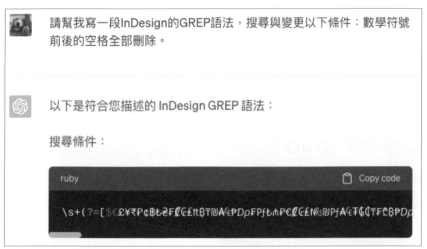

似乎為了把所有它認為的數學符號都填上，結果 ChatGPT 就當掉了

無法完成的例子3

如果是換成一般中英文字中有產生一些不必要的空格要刪掉，如下方的例子：

> 事實上，雖然 Meta 早在 2020 年就搶先蘋果推出 Quest VR 頭戴式裝置，但卻遲遲打不進高端和通用市場，再加上去年發表的 Quest Pro 迴響不佳，都讓投資人擔心 Vision Pro 問世後，恐怕會壓縮 Quest VR 市占。#

這個例子需要用到兩個步驟，第一個步驟先解決掉兩個英文字之間以及與旁邊產生的多餘空格：

☑ 尋找目標：`(\s*)([\u\l]+)(\s+)([\u\l]+)(\s*)`
☑ 變更為：`$2`
☑ 變更格式：紅色字

> 事實上，雖然 Meta 早在 2020 年就搶先蘋果推出 Quest VR 頭戴式裝置，但卻遲遲打不進高端和通用市場，再加上去年發表的 Quest Pro 迴響不佳，都讓投資人擔心 Vision Pro 問世後，恐怕會壓縮 Quest VR 市占。#

第二步驟就來處理只有一個單字或數字與中文字間的多餘空格：

- ☑ 尋找目標：~K\K(\s*)([\u\l\d]+)(\s*)(?=~K)
- ☑ 變更為：$2
- ☑ 變更格式：綠色字

事實上，雖然 Meta 早在 2020 年就搶先蘋果推出 Quest VR 頭戴式裝置，但卻遲遲打不進高端和通用市場，再加上去年發表的 Quest Pro 迴響不佳，都讓投資人擔心 Vision Pro 問世後，恐怕會壓縮 Quest VR 市占。#

那麼，ChatGPT 會怎麼處理呢？第一步驟的請求如下：

請幫我寫一段InDesign的GREP語法，搜尋與變更以下條件：兩個英文單字含大小寫，中間可能有超過一個空格，請保留只有一個空格，另外與兩個單字接觸的文字間可能有多餘的空格，也請取代刪除

以下是符合您描述的 InDesign GREP 語法：

搜尋條件：

```css
\b([A-Za-z]+)\s+\s+([A-Za-z]+)\b
```

替換條件：

```bash
$1 $2
```

ChatGPT 給出的語法是：

☑ 尋找目標：\b([A-Za-z]+)\s+\s+([A-Za-z]+)\b
☑ 變更為：$1 $2

　　先說 \b 文字邊界用在中文裡是很沒實際效果的，應該刪掉。
中間的 \s+\s+ 沒有用括弧括起來語法就錯了，而且用一個 \s+ 替
代即可，另外沒有把英文前後跟中文字相鄰的空格寫出來，如果
修改成下面的語法，就可以完成第一步驟的修改：

☑ 尋找目標：(\s*)([A-Za-z]+)(\s+)([A-Za-z]+)(\s*)
☑ 變更為：$2 $4

　　那麼看看更簡單的第二步驟，ChatGPT 能不能做好呢？

> 請幫我寫一段InDesign的GREP語法，搜尋與變更以下條件：英文單字
> 或數字與前後相鄰中文字間的空格都刪掉

以下是符合您描述的 InDesign GREP 語法：

搜尋條件：

```css
(?<=[\u4E00-\u9FFF])\s+(\b[A-Za-z0-9]+\b)\s+(?=[\u4E00-\u
```

替換條件：

```bash
$1
```

☑ 尋找目標：(?<=[\u4E00-\u9FFF])\s+(\b[A-Za-z0-9]+\b)\
s+(?=[\u4E00-\u9FFF])

☑　變更為：$1

　　上面是 ChatGPT 提供的語法，基本上還是錯很多，其中 [\
u4E00-\u9FFF] 是中文 unicode 的範圍，但是正確語法應該寫成：
[\x{4E00}-\x{9FFF}] 才算正確，而且可以用 ~K 代替。

> **NOTE**. 其實 ChatGPT 不認識中文版的一些細節很正常，InDesign 的
> GREP 本來就是很小眾的市場，應用在中文更是九牛一毛的現象，所以
> 看到 ChatGPT 的答覆雖然錯很大，但是基本骨架還是可以參考的，只
> 是使用者需要有正確的 GREP 知識來辨識 ChatGPT 錯誤的敘述。

　　如果要修改的話，應該會改成這樣：

☑　尋找目標：(?<=[\x{4E00}-\x{9FFF}])(\s*)([A-Za-z0-9]+)(\
　　s*)(?=[\x{4E00}-\x{9FFF}])
☑　變更為：$2
☑　變更格式：綠色字

　　根據這幾個案例來看，ChatGPT 也許可以幫你僥倖回答正確
答案，但是也有很大機率給錯答案，大家自行斟酌，就當作練習
自己的 GREP 能力好了～